KB133715

# K-사이언스테크노미, 혁신 없이 미래 없다

## 현직 과학자가 바라본 대한민국 경제전망 에세이

김종욱 지음

K-사이언스테크노미, 혁신 없이 미래 없다
현직 과학자가 바라본 대한민국 경제전망 에세이

**초판 1쇄 발행 2023년 3월 1일**

**지은이** 김종욱
**펴낸이** 구주모

**편집책임** 김훤주
**디자인** 박인미
**유통·마케팅** 정원한

**펴낸곳** 도서출판 피플파워
**주소** (우)51320 경상남도 창원시 마산회원구 삼호로38(양덕동)
**전화** (055)250-0190

**홈페이지** www.idomin.com
**블로그** peoplesbooks.tistory.com
**페이스북** www.facebook.com/pepobook

**ISBN 979-11-86351-56-7 03400**

# K-사이언스테크노미,

# 혁신 없이 미래 없다

현직 과학자가 바라본 대한민국 경제전망 에세이

**김종욱** 지음

도서출판 피플파워

# 목차

## I. 거대한 전환기를 앞둔 한국의 오늘



## II. 위기를 기회로

## III. 새로운 시대를 이끌 진화 코드

# I. 거대한 전환기를 앞둔 한국의 오늘

경제·사회·생태·환경 등 총체적 위기 시대

대전환을 앞둔 혼돈 시대, 우리의 책임과 역할은?

**4차산업혁명시대, 인간존엄성 상실 우려**

**"자연으로 돌아가라"는 인문철학 숙고할 시점**

인류가 처음 지구라는 별에 등장한 이후부터 줄곧 오늘에 이르기까지 인류는 보다 나은 삶을 영위하기 위해 과학·기술 개발이라는 인류 특유의 지적 수단을 통해 주변의 척박한 환경을 적극적으로 개선해 왔다. 이와는 달리 자연에 존재하는 모든 생명체들은 그들이 처해 있는 혹독한 환경에서 살아남기 위해 수십억 년이라는 장구한 시간의 흐름 속에서 주변 환경에 최적화될 수 있도록 '진화(進化)'라는 자기혁신의 적응과정을 끊임없이 거쳐 오늘에 이르렀다. 그렇기 때문에 자연에 존재하는 모든 생명체들은 각자 나름대로의 최적화된 현재의 모습으로 자연생태계 안에서 조화를 이루며 공존하고 있다.

과학·기술을 삶의 한 방편으로 선택한 인류의 역사를 되짚어보면 눈부실 정도로 찬란한 문명을 이룩해온 지난 나날이 새삼 경이로울 따름이다. 가령 기원전 7,000년경, 인류는 도구의 발명 및 곡류의 재배, 가축 사육에 성공하여 수렵·채집의 빈약한 경제로부터 생산경제의 농업사회로 전환하여 안정된 식량자원의 확보를 가능하게 했으며, 18세기부터 20세기 초에 걸쳐 증기기관 및 전기의 발명을 통해 재화의 대량생산 체계를 구축했다. 뿐만 아니라 20세기 후반에는 컴퓨터 및 인터넷 기반의 지식정보혁명을 통해 생산의 자동화를 완성했으며 작금에는 사물과 사물, 인간과 인간, 사물과 인간이 하나의 거대한 유기적 그물망으로 초연결되는 4차산업혁명시대를 구축하고 있다.

4차산업혁명시대란 사물인터넷(IoT), 인공지능(AI), 빅데이터(Big Data), 클라우드 컴퓨팅, 블록체인, 자율주행 등의 신기술이 차세대통신망으로 등장한 5G 정보통신기술(ICT)과 융합된 혁신적 과학기술시대로 이해할 수 있다. 4차산업혁명에 기반한 기술들의 최종 목적지가 어디인지는 현재로선 가늠할 수 없지만 혁신성장을 통한 인류의 삶의 질을 고도화하고 재해·재난으로부터 안전한 인간중심의 '스마트사회'를 우선적으로 실현하는 데 초점이 맞추어져 있는 것은 분명해 보인다.

2016년 3월, 당대 최고의 천재 바둑기사 이세돌과 인공지능 알파고의 세기적 바둑대결에서 알파고의 일방적 승리 직후 인류는 적지 않은 탄성을 자아냈다. 그 탄성의 의미는 인류가 그동안 성취해온 눈부신 과학·기술 문명에 대한 찬사일 수도 있겠지만 인류의 지적창조물에 추월당한 인류지성의 쓰라린 패배에 대한 두려움과 씁쓸함이 녹아있는 깊은 탄식의 한숨일 수도 있다.

요즘 세간에는 10년, 20년 이후에 인공지능 및 로봇으로 대체될 일자리에 대해 불안해하는 사회적 분위기가 적지 않다. 또한 하루가 달리 급변하는 4차산업혁명기술의 영향으로 사회 전반에 걸쳐 관련 기술 전문가와 비전문가로 빠르게 재편되는 양상을 보이면서 4차산업혁명기술과 직접적인 연관이 없는 업종에 종사하는 사람들이 삽시간에 무력감에 빠지는 등 기술적 열등감에 사로잡히는 모습도 쉽게 발견할 수 있다.

인류가 추구해온 과학·기술은 대자연에 존재하는 생명체의 조화로운 삶의 방식에 비하면 미완에 불과하다. 비록 과학·기술의 영향으로 인류의 보편적 삶의 수준이 수천 년 전에 비해 상상할 수 없을 정도로 윤택해진 것은 사실이지만 과연 '삶의 질' 측면에서도 그러한지는 냉철히 곱씹어볼 일이다. 결국, 편익 추구를 목표로 더 나은 과학·기술을 개발하기 위한 인류의 도전은 끝없이 지속될 것이다. 그러나 그러한 도전 과정 속에서 원래의 순수한 취지와는 다른 암묵적 위해요소가 내재되어 있지 않은지 면밀하게 주시할 필요가 있다.

과연 우리가 추구하는 4차산업혁명시대는 인류를 온전한 이상향의 세계로 올바르게 인도할 수 있을까? 급격한 과학·기술의 발전으로 윤리, 도덕적 측면에서의 인간존엄성 상실이나 폐해는 없는 것인가? 효용성과 편익만을 우선시하며 전광석화(電光石火)의 가늠할 수 없는 속도로 미래를 향해 돌진하는 과학·기술의 속성을 고려할 때, 인류의 문명발전이 오히려 불평등의 기원이 됐다고 주장했던 프랑스의 사상가, 장자크 루소Jean-Jacques Rousseau의 "자연으로 돌아가라."는 철학적 명제를 깊이 숙고할 시점이다.

2018년 06월 22일

## 청소년의 스마트폰 중독현상

• • •

**청소년 15%, 스마트폰 과의존 위험군**

**성적 일변도의 교육환경부터 바꿔야**

'노모포비아증후군' 혹은 '팬텀바이브레이션증후군'이란 생소한 용어를 들어본 적이 있는가? 필자의 눈과 귀에 낯설기만 한 이 용어는 전자가 스마트폰이 없는 것에 대한 극도의 불안, 짜증내는 현상을 일컫는다면 후자는 스마트폰 진동이 없었음에도 불구하고 심리적으로 가상의 진동을 경험하는 것으로 스마트폰 과의존 혹은 중독 상태에 있는 사람들이 경험하는 대표적인 증상으로 알려져 있다.

필자의 기억을 더듬어 보면 스마트폰이 존재하지 않았던 20여 년 전만 하더라도 버스나 지하철 내에서는 옆 사람과 자연스럽게 대화를 나누거나 책 혹은 신문을 읽는 사람, 눈을 감은 채 쉬고 있는 사람들의 모습을 어렵지 않게 발견할 수 있었다. 그런데 언제부터인가 이러한 모습들은 온데간데없이 자취를 감추고 작금에는 천편일률적으로 머리를 숙인 채 스마트폰에 집중하고 있는 모습이 평범한 일상이 된지 오래다.

학년 전환기 청소년을 대상으로 여성가족부가 실행한 '2018년 인터넷, 스마트폰 이용습관 진단조사' 결과에 따르면 조사대상의 15.2%에 해당하는 20여 만 명이 인터넷 또는 스마트폰 의존도가 지나치게 높은 '과의존 위험군'으로 진단된 것으로 밝혀졌다. 더욱이 스마트폰 위험군에 속한 청소년의 비중이 2016년(13.6%)과 2017년(14.3%)에 이어 3년 연속 증가하고 있는 것으로 나타나 대책 마련이 시급한 것으로 나타났다.

'과의존' 혹은 중독의 사전적 의미는 '어떤 사상이나 사물에 젖어 정상적으로 사물을 판단할 수 없는 상태'로 약물이나 도박, 알코올, 게임 등에 지나치게 의존하여 본인의 의지로 제어할 수 없는 상태나 현상을 뜻한다. 결국 스마트폰 과의존(중독) 현상은 스마트폰으로부터 자유롭지 못한 상태다. 편리함을 위해 개발된 스마트폰이 오히려 사람을 구속하는 족쇄로 작용한다 하니 씁쓸한 마음이 드는 것은 비단 필자만의 생각은 아닐 듯싶다.

작금의 이러한 세태를 풍자하듯 우리 사회에는 '스마트폰 좀비'

혹은 '스몸비'라는 신조어가 만연하고 있다. '스몸비'란 스마트폰과 좀비의 합성어로 스마트폰에 집중하느라 아무런 생각 없이 걷는 사람을 공포영화에 등장하는 좀비에 빗대어 일컫는 말이다. 특히 '스몸비족'에 의한 교통사고가 빈번하게 발생하여 걸을 때 스마트폰을 보면 위험하다는 내용이 담긴 교통안전표지를 설치했다고 하니 스마트폰 과의존 상태의 심각성이 어느 정도인지를 짐작해 볼 수 있다.

청소년의 스마트폰 과의존 상태의 심각성은 비단 우리나라뿐만 아니라 세계적인 문제로서 미국, 프랑스, 일본 등의 국가에서는 교내에서 스마트폰 사용을 전면적으로 금지하는 법안을 마련하는 등 청소년의 과도한 스마트폰 사용을 정부 차원에서 발 빠르게 제한하고 있는 추세다. 규제에 의한 방법으로 얼마나 큰 효과를 끌어낼 수 있을까에 대한 의구심이 전혀 없지는 않지만 문제의 심각성에 즉각적으로 대처하는 모습이 우리네 현실과는 사뭇 달라 부러울 따름이다.

우리 사회가 청소년의 스마트폰 과의존 문제를 간과할 수 없는 심각한 문제로 인식해야 하는 이유는 청소년들의 어깨에 우리의 미래가 달려있기 때문이다. 청소년 각자의 개성과 특성을 반영하지 않은 학업성적 일변도의 일등만을 추구하는 교육환경이나 사회풍토가 획기적으로 개선되지 않는 한 청소년의 스마트폰 과의존 문제해결은 요원해 보인다.

4차산업혁명시대를 이끌어갈 인재상에 전혀 부합하지 않은 정형화된 성적만으로 '줄 세우기 문화'에 민감한 청소년들이 선두 대열에 합류하지 못하고 낙오한다는 초조함과 압박감, 상실감으로 인한 현실 도피 및 스트레스 분출 창구로 인터넷 등 스마트폰에 내재된 중독성 콘텐츠에 빠질 환경이 우리 주변 도처에 널려 있다. 미래 우리나라의 바로미터인 청소년들이 희망을 품고 건강한 모습으로 미래를 향해 힘차게 나아갈 수 있는 '창의적 교육시스템' 마련에 우리 모두가 머리를 맞댈 중요한 시점이다.

2018년 07월 20일

## 간과할 수 없는 '대프리카' 현상

**지구촌 이상기후로 기후난민 생겨나**

**지구온난화 문제, 국제사회가 나서야**

'대프리카' 혹은 '서프리카'란 신조어를 들어본 적이 있는가? 올 여름 8월 1일 기상청에 따르면 서울과 강원도 홍천의 낮 최고 기온이 각각 39.6℃, 40.6℃를 기록하면서 기상청이 기상을 관측한 이래로 111년 만에 경신된 최고 기온이라 한다. 연일 35~39℃를 오르내리는 지속적인 폭염으로 지구가 몸살을 앓고 있다. '대프리카' 혹은 '서프리카'란 용어는 우리나라 대구나 서울이 아프리카만큼 덥다는 의미로 지독한 폭염으로 참을 수 없는 더위에 빗대어 세간에서 사용하고 있는 신조어다.

필자의 유년 시절인 70년대 초만 하더라도 아무리 무더운 여름

날이라도 작금과 같은 펄펄 끓는 폭염과는 비교가 되지 않았다. 간과할 수 없는 것은 지금과 같은 폭염과 이상기후가 비단 우리만의 특수한 현상은 아니며 이미 오래전부터 지구촌 곳곳에서 공통적으로 겪고 있는 문제라는 점이다.

기후변화 전문가들은 이상기후의 주된 요인으로 '지구온난화' 문제를 주목하고 있다. 지구온난화의 원인은 다양한 해석이 있을 수 있겠지만 19세기 산업혁명 이후 급격한 인구증가에 따른 지속적인 화석연료 소비증가로 이산화탄소, 메탄가스 등의 온실가스가 급격히 증가했고 도시화, 산업화에 따른 무분별한 개발로 자연산림이 크게 훼손되고 자연의 자정 능력이 약화되어 대기 중의 온실가스 농도가 높아진 것이 주된 원인으로 지목되고 있다.

세계기상기구(WMO)의 2016년 실태보고서에 따르면 최근의 지구 온도는 산업혁명이 시작된 19세기에 비해 1.1℃ 상승한 상태라고 한다. "1℃쯤이야!"라고 가볍게 넘어가기 쉽겠지만 주목할 점은 지구가 뜨거워지는 속도가 예전에 비해 매우 빨라졌다는 사실이다. 가령, 고대기후학자인 마르콧 Marcott 교수의 연구에 따르면 지구온도가 1℃ 증가하는데 마지막 주요 빙하기 이후 1만1,000년이 경과한 반면 산업혁명 초반 이후부터 최근에 이르는 약 150년 만에 이 같은 변화가 나타났다는 연구 결과는 시사점이 매우 크다.

지구 온도 1℃ 상승의 위력은 대단하다. 지구촌 곳곳에서 폭염을 비롯한 대형 산불 등 이상기후 현상이 끊임없이 발생하고 있으며 대형 홍수·가뭄으로 물 부족 및 식량부족 사태를 초래하는 등 이상기후로 인해 적지 않은 '기후난민'이 발생하고 있다. 인류의 편익을 위한 화석연료가 오히려 인류를 재난으로 몰아가고 있다는 사실이 아이러니할 따름이다.

만약, 지구의 온도가 지금보다 1~2℃ 더 오르게 되면 안데스산맥의 빙하를 포함한 극지방의 빙하가 사라진다. 또한 열대지역 농작물의 5~10%가 감소되고 지구촌 곳곳에서 극심한 물 부족 사태가 발생하여 기근으로 인해 수 억 명의 아사자(餓死者)가 발생함은 물론 생명체의 33%가 멸종위기에 처할 수도 있다고 하니 그 심각성이 매우 위태로울 따름이다.

기후변화 전문가인 왓슨Robert Watson 교수는 현재와 같은 상태라면 불과 30년 후인 2050년 경에 지구온도가 약 2℃ 증가할 것으로 예측했다. 인류가 지구생태계 변화에 적응할 수 있는 기온이 1.5~2℃ 수준이라 하니 온실가스를 줄이기 위한 범지구촌 차원의 필사적인 노력이 없는 한 왓슨 교수가 예측한 2050년은 이전의 지구 상태로 돌이킬 수 없는 불가역적 '티핑 포인트(tipping point)'에 이를 수도 있다. 그렇게 되면 현재 우리가 겪고 있는 재난과는 비교할 수 없는 '아마겟돈'과 같은 엄청난 대재앙에 직면할 수 있음은 비단 필자만의 생각은 아닐 듯싶다.

다행스런 점은 국제사회가 '지구온난화'의 심각성을 깨닫고 문제해결을 위한 '유엔기후변화협약'을 제정하는 등 금세기 말까지 지구 온도 증가를 2℃ 이하로 억제할 수 있도록 구체적인 실행 방안을 담은 '파리협약'이 곧 실행되어 2023년부터 5년 단위로 협정 이행 및 장기 목표 달성가능성을 평가하기 위한 전지구적 이행점검을 실시한다는 점이다. 지구온난화의 문제는 어느 특정 국가만의 문제가 아니다. 지금은 인류의 생존을 위해 지구촌 모든 나라가 머리를 맞댈 중대한 시점이다. 대재앙으로 떠난 지구에 불시착해 아버지와 함께 어려움을 극복한다는 SF영화 〈애프터 어스〉에서 "현실 속에 많은 위험이 있지만 그것들에 대한 두려움은 선택이다."라는 명대사를 냉철히 곱씹어 볼 일이다.

2018년 08월 17일

## 곰은 미련하다? 환경 변화 민감한 적자생존 동물

## 4차산업혁명시대에 우리는 어디쯤 있나?

요즘엔 좀처럼 듣기 어렵지만 필자의 유년 시절만 하더라도 무언가 잘못하여 어른들에게 꾸지람을 들을 때 흔히 나왔던 말이 "곰처럼 미련한"이라는 수식어였다. 마냥 철없던 유년시절이라 그 의미를 생각할 겨를도 없었지만 돌이켜 생각해 보면 아마도 움직임이 민첩하지 못한 곰의 느릿느릿한 행동에 빗대어 만들어진 수식어가 아닐까 하는 생각이 든다.

그런데 과연 곰이 정말로 미련한 동물일까? 곰은 잡식성으로 주로 곤충이나 물고기, 벌꿀을 비롯해 도토리와 같은 작은 나무열매를 먹이로 삼지만 서식지의 환경에 따라 초식동물이나 연어, 물개 등을 잡아먹는 것으로 알려져 있다. 익히 알고 있는 사실이지만 내륙에 서식하는 곰은 겨울잠을 잔다. 춥고 황량한 겨울엔 먹을 것이 턱없이 부족하기 때문에 다른 동물에 비해 몸집이 큰 곰은 생존하기 어렵다. 때문에 내륙에 서식하는 곰은 먹이가 풍성한 가을에 왕성한 먹이활동을 통해 충분한 에너지를 비축하고 에너지 소모를 최소화하기 위해 겨울잠(동면)이라는 고도의 생존전략으로 힘겨운 겨울을 슬기롭게 이겨낸다.

환경의 변화에 민감하게 적응하여 고도의 생존전략을 구사하는 곰에게 이제 더는 '미련한'이라는 수식어는 어울리지 않을 듯싶다. 비단 곰뿐만이 아니니다. 단지 우리가 간과하고 있을 뿐 상상을 초월하는 생존전략을 구사하는 동·식물들은 자연계에 무궁무진하다.

요즘 세간에 우리나라 수출을 견인하고 있는 반도체가 뜨거운 감자로 떠오르고 있다. 언론에 따르면 삼성전자와 LG전자의 지난해 4분기 반도체 수출 실적이 시장의 기대를 훨씬 밑도는 '어닝쇼크' 수준을 기록했다. 삼성전자의 경우 영업이익이 작년 3분기에 비해 무려 38% 이상 곤두박질치면서 2년 만에 가장 낮은 실적을 기록했다. 아마존, 애플 등 대형 글로벌 IT기업들의 투자축소 및 미국과 중국의 이른바 G2 무역전쟁, 작년 하반기 메모리반도체 D램의 가격 인하 등 다양한 원인이 있을 수 있겠지만 우리나라 전체 수출에서 반도체가 20% 이상 차지하고 있음을 감안할 때 단순한 문제로 치부하고 넘어가기엔 어딘가 개운치 않은 구석이 있는 것이 사실이다.

특히 우리나라의 경우, 반도체 수익의 대부분을 단순 메모리반도체에 의존하고 있어서 시장의 상황 변화에 따른 영향을 최소화할 전략 마련이 시급해 보인다. 또한 4차산업혁명의 핵심인 자율주행차, 로봇 등에 사용하는 인공지능(AI) 프로세서 등 새로운 환경 및 시장에 부응할 수 있는 시스템반도체의 경쟁력을 혁신하는 전략은 물론 반도체 이외에 국가의 성장 동력을 견인할 수 있는 '포스트반도체' 대책 마련이 절실하다.

바야흐로 와해적 혁신기술이 주도하는 4차산업혁명시대가 빠르게 진행되고 있다. 지난 2016년, 클라우스 슈밥Klaus Schwab이 세계경제포럼(WEF)인 다보스포럼에서 인공지능과 로봇의 융합, 실제와 가상현실이 융합된 '사이버물리시스템(CPS)' 시대의 도래를 주창하면서 4차산업혁명시대가 개막되었다고 가정하면 벌써 3년이라는 귀중한 시간이 쏜살같이 흘러갔다.

와해적 혁신기술에 의해 먹고 먹히는 승자독식의 각축장에서 살아남기 위해 경쟁국들이 하루가 멀다고 혁신에 혁신을 거듭하며 숨가쁘게 달려가고 있는 동안에 우리는 과연 무엇을 했는가? 시간과 혁신이라는 두 개의 축으로 한정된 좌표에서 우리는 어디쯤 위치하고 있는가? 지난달 22일 다보스 포럼에서 유럽 최대 제조회사로 스마트팩토리를 선도하고 있는 지멘스의 조 케저Joe Kaeser CEO가 "찰스 다윈Charles Darwin이 옳았다. 살아남는 것은 가장 강한 자도, 가장 똑똑한 자도 아니다. 주변의 다양한 조건에 가장 잘 적응하는 자가 살아남는 것이다."라고 역설한 말을 가슴깊이 곱씹어 볼 때다.

2019년 02월 01일

**일상을 지배하고 진화시키는 과학**

**강국 되려면 창의적 인재 육성 시급**

4월은 과학의 달이다. 특히 4월 21일은 '과학의 날'로 과학기술의 중요성을 새롭게 인식하고 국민생활의 과학화를 추진한다는 목적으로 정부에서 제정한 기념일이다. 해마다 4월이 되면 과학마인드를 고취시키기 위해 전국의 학교를 비롯해 관련 단체에서 다채로운 과학 행사를 거행한다.

우리에게 과학이란 무엇일까? 과학(科學, Science)의 사전적 의미는 '사물의 구조·성질·법칙 등을 관찰 가능한 방법으로 획득한 이론적인 지식의 체계로, 좁게는 인류가 경험주의와 방법론적 자연주의에 근거하여 실험을 통해 얻어낸 자연계에 대한 지식'으로 정의한다.

가령, 사과나무에서 떨어지는 사과에 착안하여 질량(質量)이 있는 물체 사이에 중력 끌림이 존재한다는 만유인력(萬有引力)을 발견한 아이작 뉴턴Sir Isaac Newton의 일화는 우리네 일상에서 당연한 일로만 여겼던 사건에 심오한 과학적 진리가 내재되어 있음을 역설한다.

우리는 알든 모르든 과학의 원리가 지배하는 큰 틀(세상) 안에서 살아가고 있다. 비록 아인슈타인Albert Einstein의 상대성이론과 같은 거창한 물리학적 이론은 아니라 하더라도 우리네 일상에서 쉽게 경험할 수 있는 과학은 무궁무진하다. 가령, 지구와 필자 사이에 작용하는 만유인력, 곧 중력이 존재하지 않는다면 어떻게 필자가 땅을 밟고 살아갈 수 있을까? 두 물체가 접촉할 때 물체 사이에 작용하는 저항력, 곧 마찰력이 존재하지 않는다면 어떻게 땅 위를 걸어갈 수 있으며 종이에 글을 쓰고 자동차가 도로를 달릴 수 있을까? 한겨울 빙판을 걷다가 미끄러져 넘어진 경험이 있다면 마찰력이 무엇인지 조금은 이해할 수 있으리라.

이처럼 우리네 일상에서 쉽게 경험해 볼 수 있는 간단한 예를 들었지만 우리는 과학이 지배하는 세상에 살고 있으며 과학을 떠난 삶은 상상하기조차 힘들다. 공기가 우리 눈에 보이지 않아서 인지하기 어렵듯이 과학도 체득하기가 어려워 인지하지 못할 따름이다. 이렇듯 쉽게 설명할 수 없는 과학을 이해할 수 있도록 도와주며 생활에 유용하도록 변화시켜주는 것이 기술(技術)이다. 즉 머리로는 생각을 하지만 그 생각을 구체화하는 것이 손인 것처럼 기술은 무형의 형이상학적인 과학개념을 완전하지는 않더라도 어느 정도 우리가 쉽게 이해할 수 있도록 형이하학적인 방법을 통해 유형화시키는 도구인 셈이다.

지금은 와해적 혁신기술이 이끄는 승자독식의 4차산업혁명시대다. 선진국들은 이 시대를 선도하기 위해 단 한 순간도 허비하지 않고 총성 없는 과학기술 전쟁을 벌이고 있으며 창의적인 인재육성에 국가적 명운을 걸고 있다. 와해적 혁신기술은 고도의 과학지식에 기반하고 있어서 종래의 모방과 답습으로는 도저히 따라갈 수 없는 기술의 속성을 갖는다. 오직 창의적인 생각과 유연한 사고, 협업과 불굴의 도전정신으로 무장한 혁신인재들만이 해결할 수 있는 기술이다.

최근에 한국교육의 세태를 풍자한 TV드라마 〈스카이캐슬〉이 장안에 화제가 되었다. 현 교육시스템의 문제점을 지적하고 반성해보자는 의도로 제작된 드라마로 보이는데 오히려 자녀를 명문대학에 보내기 위해선 드라마의 내용처럼 전적으로 입시코디네이터에 의존해서 자녀의 역량과 자질과는 전혀 상관없는 소위 '스펙 쌓기' 일변도의 방법을 모방해야 한다는 이견도 만만치 않다고 하니 참으로 아이러니하고 씁쓸할 따름이다. 단언하건데, 변화와 혁신에 기반한 4차산업혁명시대에 필요한 인재상은 규격화된 방법으로 만들어지는 맹목적 인재가 아니라 창의적이며 발상의 전환에 필요한 유연한 사고를 갖춘 과학인재다.

4차산업혁명시대의 생존전략은 굳건한 과학기반 구축과 창의적 과학인재 육성에 달려있다. 갈 길은 멀고 시간은 많지 않다. 차일피일 미루다 실기(失期)할까 두렵다. 미래 우리나라의 바로미터인 학생들에게 과학의 중요성을 인식시키고 창의적 인재를 육성할 수 있는 교육시스템 마련이 무엇보다도 시급하다. 우리는 언제쯤 마음 편히 과학기술강국 KOREA를 꿈꿔볼 수 있을까?

2019년 04월 04일

**고립된 환경 탓 '우물 안 개구리' 처지**

**우리 산업도 오픈플랫폼경제 시대 준비해야**

우리 속담에 '우물 안 개구리'라는 말이 있다. 이 속담은 자신만의 세계에 고립되어 세상을 자신의 눈높이로만 바라본다는 의미다. 경제 분야에도 이와 유사한 '갈라파고스 신드롬(Galapagos Syndrome)'이란 용어가 있다. 이 용어는 일본 휴대전화 인터넷망 'i-mode'의 개발자인 나쓰노 다케시 교수가 최초로 사용한 용어로 '잘라파고스(Jalapagos: Japan과 Galapagos의 합성어) 신드롬'으로 빗대어 표현하기도 한다. 2000년대 초반, 일본의 IT기술은 당시 세계 최고의 기술이었지만 자국 내 시장에만 만족하여 국제표준 및 규격을 소홀히 한 탓에 갈라파고스의 고유종처럼 국제경쟁력 약화라는 치명적인 약점을 드러냈다는 견해다.

용어의 배경이 된 '갈라파고스제도'는 남아메리카대륙 에콰도르에서 약 1,000㎞ 떨어진 태평양에 위치해 있다. 갈라파고스의 고립된 환경은 육지이구아나(land iguana), 갈라파고스땅거북(giant tortoise)과 같은 희귀동물들이 발달하도록 만들었으며 다윈Charles Darwin이 진화론을 주장하며 세계과학사에 한 획을 그은 〈종의 기원〉이 탄생한 계기가 되었다. 하지만 현대로 접어들면서 대륙과의 빈번한 교류로 다양한 외래종이 유입되었고 결국 면역력이 약한 갈라파고스 고유종들은 멸종하거나 멸종위기에 직면해 있다.

최근 세계경제의 양대 버팀목인 미국과 중국이 G2 무역전쟁에 이어 ICT정보통신기술 및 통화전쟁으로 확전하는 양상을 보이면서 수출의존국인 우리나라 경제에 빨간불이 켜졌다. 그도 그럴 것이 중국(26.8%)과 미국(12.1%)이 차지하는 수출 비중이 40%에 육박하는데다 대중국 중간재 수출 비중이 70% 이상을 차지하고 있기 때문이다.

간과할 수 없는 것은 작금의 미·중 간 무역전쟁은 세계패권을 차지하기 위한 양측의 한치 앞도 내다볼 수 없는 끝 모를 경쟁이란 점이며 수출의존국인 우리 경제가 패권경쟁의 희생양이 될 수도 있다는 점이다. 더욱이 하루가 멀다고 급변하는 4차산업혁명기술은 모방 자체가 매우 힘들고 혁신에 기반하여 지구촌을 빠르게 '공유경제(sharing economy)' 플랫폼사회로 이끌고 있어서 선진국은 물론 중국 및 동남아 일부 개발도상국들도 발 빠르게 공유경제 활성화에 박차를 가하고 있다.

우리의 실정은 어떠한가? 과연 4차산업혁명시대에 걸맞은 혁신과 공유경제 사회로의 전환을 위한 만반의 준비가 되어 있는가? 지금과 같은 G2 패권경쟁에 따른 어려움을 굳이 내세우지 않더라도 국내의 혁신기술에 대한 갈라파고스적인 규제가 혹 우리나라를 스스로 사면초가의 어려운 형국으로 몰아가고 있는 건 아닌지 곰곰이 생각해 볼 일이다.

현 시점에서 우리가 나아가야 할 방향은 명확하다. G2에 종속하지 않는 와해적 혁신기술 개발과 그러한 기술을 보유한 스타트업이 유니콘으로 성장할 수 있는 사회적 환경을 조속히 마련해야 한다. 특히 ICT정보통신기술에 기반한 4차산업혁명의 근간인 '공유경제' 원칙을 서둘러 정립함은 물론 폭 넓은 네거티브 규제 샌드박스 도입과 테스트베드 제공이 절실하다.

분명한 것은 한번 시기를 놓치면 영원히 회복할 수 없는 '티핑포인트' 시점이 우리에게 그리 많이 남아있지 않다는 사실이다. 탈(脫)갈라파고스 규제를 위해선 이해당사자들이 머리를 맞대고 역지사지의 심정으로 지속적인 대화와 타협의 노력이 필요하다.

작금의 4차산업혁명기술은 와해적 혁신을 통해 전광석화의 속도로 빠르게 진화하는 속성을 갖는다. 일찍이 '우물 안 개구리'처럼 자신만의 세계에 고립된 채 주변 환경의 변화에 민감하게 적응하지 못한 자연의 생명체는 예외 없이 모두 지구상에서 사라졌음을 인식해야 한다. 승자독식의 4차산업혁명시대, 우리는 진정 고립된 갈라파고스로 남아 있을 것인가?

2019년 05월 31일

## 소모적인 '브라운 운동'

• • •

**지향점 없는 움직임, 수행한 일은 '0'**

**역량 결집해 '혁신강국' 향해 나가야**

'벡터(vector)'라는 물리학 용어가 있다. 벡터의 사전적 의미는 '크기와 방향을 갖는 양'으로 정의된다. 벡터에 대응되는 개념으로 크기만을 갖는 변량(變量)을 '스칼라(scala)'라고 부른다. 예컨대 길이, 질량, 시간, 넓이는 스칼라이고 속도, 가속도, 힘(force)은 정량적인 크기가 있고 지향점 즉 방향성이 있기 때문에 벡터로 간주한다.

필자의 대학 시절, '물리학 개론'에서 처음 맞닥뜨린 벡터에 대해 지인들과 우스갯소리로 "사랑을 물리학적으로 정의하면 벡터가 아닌가?"라는 재미있는 화두를 던진 기억이 어렴풋이 떠오른다. 물론 엄밀하게 따져보면 올바른 답변은 아닐 수 있다. 하지만 정답은 아니라 하더라도 사랑하는 대상(지향점)이 있고 과학적인 방법으로 측정은 불가하지만 대상에 대한 사랑하는 마음의 정도(程度)는 존재하기 때문에 전혀 오답은 아니지 않을까 하는 생각이 든다.

최근에 세계 경제의 버팀목인 미국과 중국 간의 이른바 G2 패권 경쟁으로 우리 경제가 사면초가의 곤혹스런 형국에 처해 있는 가운데 설상가상으로 올해 국내기업들의 1분기 해외 직접투자가 141억 달러로 추산되어 1980년 관련 통계를 작성하기 시작한 이후 최고치를 경신했다고 한다. 특히, 제조업의 경우 해외 직접투자의 41%를 차지하고 있으며 미국과 중국이 각각 36억5,000만 달러, 16억9,000만 달러로 1, 2위를 차지해 그동안 심정적으로만 인식하던 국내기업들의 '코리아 엑서더스(탈[脫]한국)'에 대한 우려가 점차 현실화되고 있다.

이러한 현상은 G2의 보호무역 강화에 따른 수출품의 생산기지를 현지에 구축하기 위한 고육지책으로 볼 수도 있겠지만 한국경제의 버팀목인 제조업의 이런 탈(脫)한국 현상은 제조업으로 먹고사는 우리경제에 빨간불이 켜진 상태를 의미하며 더 이상 간과할 수 없는 중대한 사건임은 분명해 보인다.

엎친 데 덮친 격으로 국내에 유입된 외국의 직접투자도 전년 동일기간 대비 15.9% 감소하여 외국기업들도 더 이상은 한국을 좋은 투자처로 여기지 않는 듯하다. 그야말로 국내기업은 떠나고 외국기업은 오지 않는 침울한 KOREA가 되어가고 있는 형국이다.

무엇이 문제일까? G2에 종속하지 않은 와해적 혁신기술 개발과 그러한 기술들이 세계무대에서 마음껏 경쟁하고 선도할 수 있는 사회적 시스템 마련이 절실한데 과연 우리 정치는 관련 법령이나 제도 마련에 앞장서고 있는가? 오히려 기업의 발목만 잡고 차일피일 미루고 있는 건 아닌가?

창발적인 와해적 혁신기술들이 하루가 멀다고 개발되고 있지만 각종 규제와 이해관계에 묶여 미처 빛을 보지도 못한 채 하나, 둘씩 사라지고 상용화를 위해 국외로 떠나는 현실이 마냥 안타까울 따름이다. 혹 우리 사회가 진부한 진영논리에 갇혀 일관된 지향점이 없어서 추진 동력을 상실하고 있지는 않은지 면밀히 들여다볼 일이다.

물리학 개념에 '브라운 운동(Brownian motion)'이란 현상이 있다. 이 현상은 1827년 스코틀랜드 식물학자인 로버트 브라운 Robert Brown 이 수면 위의 꽃가루를 관찰하다 우연히 발견한 현상으로 액체나 기체 등 유체 안에 존재하는 미소입자가 외부의 간섭 없이 끊임없이 불규칙적으로 움직이는 현상을 뜻한다. 가령, 코르크 마개의 미세한 가루가 와인 잔에서 불규칙적으로 움직이는 현상을 그 예로 들 수 있다.

'브라운 운동'을 하는 미소입자는 끊임없이 움직이기 때문에 장시간에 걸쳐 마치 대단히 많은 일을 수행한 것처럼 보이지만 실상은 일관된 지향점 없이 전방위적으로 움직이기 때문에 물리학적 벡터(vector) 관점에서 바라볼 때 미소입자가 효과적으로 수행한 일은 '0'에 가깝다. 작금과 같은 백척간두의 위기상황에서 우리 모두가 역량을 결집해 '혁신 강국'이라는 지향점을 향해 달려가도 모자랄 판에 우리 사회가 혹 소모적인 '브라운 운동'의 프레임에 갇혀 있지는 않은지 냉철히 숙고해 볼 일이다.

2019년 06월 28일

# 만추(晩秋)의 상념

• • •

**단풍, 겨울 대비하는 나무들의 민첩한 생존전략**

**총성 없는 경제전쟁서 승리할 방책은?**

겨울의 시작을 알리는 입동이 엊그제였다. 그래서인지 한동안 따사했던 날씨가 제법 쌀쌀해진 느낌이다. 어느새 산과 들녘엔 울긋불긋한 단풍이 슬며시 내려앉아 바라보는 이들의 감성을 촉촉이 적신다. 매년 이맘때쯤이면 늘 우리 곁으로 다가오는 단풍이건만 수고하지 않은데도 기꺼이 모든 걸 내어주는 자연의 넉넉함에 그저 감사할 따름이다.

이처럼 아름답고 우리 마음을 한껏 사로잡는 단풍이지만 그 이면을 들여다보면 북풍한설의 혹독한 겨울을 이겨내기 위한 나무들의 민첩한 겨우살이 채비임을 알 수 있다. 자연의 식물들은 광합성을 통해 생존에 필요한 에너지를 얻는다. 나무들의 경우 보통은 엽록소가 풍부한 잎에서 광합성이 일어나는데 나뭇잎은 녹색을 띤 엽록소를 포함해 약 70여 종의 색소를 보유하고 있다고 한다. 일조량이 많고 물이 풍부한 여름철은 광합성을 통해 많은 에너지를 생산할 수 있는 최적의 시기이다. 이 때문에 광합성에 필요한 엽록소의 활동이 활발해져 여름한철 산과 들녘의 숲은 엽록소의 푸른 녹색이 대세를 이룬다.

하지만 가을에 접어들면 일조량이 크게 줄어들고 강수량이 적어서 광합성 활동에 어려움을 겪게 된다. 그러면 나무들은 마치 오류가 전혀 없는 완전한 알고리즘에 의해 작동하는 자동시스템처럼 계절의 미묘한 변화를 하나도 놓치지 않고 감지해 점진적으로 광합성 활동을 중단하는 체계적인 프로세스를 가동한다. 광합성이 중단되면 녹색을 띠는 엽록소는 점차 소멸되고 숨어있던 다양한 색소가 비로소 활동을 시작한다.

가령, 단풍나무의 경우 잎에 풍부한 '안토시아닌'은 빨간 단풍으로, 은행나무의 경우 '카로틴'과 '크산토필'은 노란 단풍을 연출한다. 또한 노란 색소의 카로틴과 붉은 색소의 안토시아닌이 결합해 주홍색의 단풍을 만들기도 한다. 결국 우리 눈에 비치는 단풍은 여름 내내 생성한 에너지를 보존하여 혹독한 겨울을 나기 위한 나무들의 겨울채비인 셈이다.

겨울이 도래할 쯤이면 광합성 기능을 마친 잎이 소모하는 에너지조차도 절약하기 위해 물과 양분의 공급을 차단하는 '떨켜층'을 만들어 낙엽을 만든다. 냉엄하지만 현실적이며 합리적인 기발한 생존 전략이 아닐 수 없다. 마주한 상황에 최적으로 대응하기 위한 대자연의 섭리에 마음이 숙연해질 따름이다.

최근에 우리 경제가 곤혹스런 국내외 환경을 마주하고 있다. 미·중간의 G2 기술패권전쟁 및 일본의 수출규제에서 보듯이 상대국의 입장은 전혀 아랑곳없이 오직 자국의 이익만을 추구하는 자국우선주의 사조가 판을 치고 있고, 4차산업혁명의 주도권을 움켜쥐기 위해 전 세계가 총성 없는 전쟁터가 된지 이미 오래다. 그도 그럴 것이 머지않아 4차산업혁명을 대변하는 혁신기술은 필연적으로 우리 사회 전반에 자리매김할 것이며 기존과는 전혀 다른 새로운 경제시스템 및 패러다임을 구축할 것이기 때문이다. 생존하기 위해선 주도권 전쟁에서 반드시 승리해야만 하는 이유가 바로 여기에 있다.

우리 모두가 하나로 뭉쳐 현재의 어려움을 극복해 나가는 것도 모자랄 판에 혁신기술 규제로 유능한 벤처기업들이 미국 등 기업하기 좋은 나라로 떠나는 탈(脫)한국 현상이 증가하고 있다. 엎친 데 덮친 격으로 우리 경제의 기반인 수출은 새로운 성장 동력 부재로 어려움을 겪고 있어서 국내경제가 끝 모를 저성장 늪에 빠질 수도 있다는 우려의 목소리가 작지 않다. 그야말로 모든 것이 꽉 막힌 사면초가의 답답한 형국이 아닐 수 없다. 과연 우리 경제는 앞으로 들이닥칠 북풍 한설에 온전히 잘 버텨낼 수 있을까? 황홀한 가을단풍 넘어 그 이면을 직시할 때다.

2019년 11월 22일

# 영화 <양자물리학>

• • •

**"같은 파동끼리 만나면 시너지 효과"**

**똘똘 뭉쳐 생존전략 세워야할 시기**

열흘 남짓이면 2019 기해년 한 해가 저문다. 새해 첫날이 시작한지 바로 엊그제 같은데 벌써 한 해의 끝에 다다랐으니 광음여류(光陰如流)라 했던가? 흐르는 물처럼 너무도 빨리 지나가는 시간이다. 늘 그랬듯이 이맘때쯤이면 한 해 동안 무엇을 했는지 필자 스스로에게 자문해 보지만 답변이 궁색하다. 이리 뛰고 저리 뛴 야단법석은 많아 보이는데 내로라할 만한 성과가 눈에 뜨이지 않아 씁쓸할 따름이다.

이른 감이 없지 않지만 지난 9월초에 교수신문이 전국의 대학교수 878명을 대상으로 설문조사한 결과 2019년 올 한 해를 정리하는 사자성어로 '임중도원(任重道源)'을 꼽았다고 한다. 말 그대로 '짐은 무겁고 갈 길은 멀다'는 뜻으로 의심할 여지 없이 요즈음의 우리 현실을 여실히 보여주는 사자성어가 아닌가 싶다.

올 한 해는 그야말로 격동의 한 해였다. 내로라하는 강대국들의 자국우선주의 사조가 판을 쳐 상호호혜의 원칙에 기반을 둔 세계 경제의 버팀목이 위태롭게 되었고 하루가 멀다고 속속 등장하는 와해적 혁신기술과 빠르게 변화하는 공유플랫폼 트렌드는 가뜩이나 무거운 우리 경제의 발걸음을 채근했다. 그동안 한수 아래로 생각했던 동남아는 모빌리티 혁신을 통해 '동남아의 우버(Uber)'로 불리는 '그랩(Grab)' 등의 공유플랫폼을 구축하고 글로벌 전기자동차회사와의 협력을 강화해 동남아 전역으로 확산하는 등 발 빠르게 전기자동차 신흥허브로 급부상 중이다.

국내 사정은 어떠한가? 우리 경제의 기반인 수출은 G2 패권전쟁 등 대외환경악화, 새로운 성장 동력 부재로 뒷걸음질 친 지 이미 오래다. 그나마 경쟁력 있는 IT혁신기업들도 각종 규제에 발목이 묶여 미국 등 기업하기 좋은 나라로 탈(脫)한국이 한창 진행 중이다. 작금과 같은 위기상황에 문제해결을 위한 상생의 건설적 소통은 찾아볼 수 없고 기득권을 잃지 않으려는 이해집단의 구호만 난무해 우리 경제의 새로운 성장 동력인 혁신기술과 공유플랫폼이 마땅히 설 자리가 없다. 세상은 급변하고 있는데 우리는 가마솥에서 서서히 익어가는 개구리처럼 위기를 위기로 인식하지 못하고 있다.

과거 불모의 땅에서 '한강의 기적'을 창조했던 강인한 기업가정신으로 똘똘 뭉친 '다이내믹 코리아'는 어디로 갔는가? 무엇이 우리를 이처럼 맥없게 만들었는가? 야생의 카멜레온도 변화에 민감하게 반응해 자신을 보호하는 생존전략을 구사하거늘 하물며 약육강식, 승자독식으로 대변되는 현재와 같은 위기의 시대에 앞서나가지는 못하더라도 시대의 흐름에 편승은 해야 하지 않겠는가? 우왕좌왕하는 사이에 불가역적인 '티핑 포인트'는 이미 우리 곁에 와 있으며 절체절명의 위기를 극복할 시간이 우리에겐 그리 많지 않다. 진정 우리는 고립된 갈라파고스로 남아 있을 것인가?

최근에 〈양자물리학〉이라는 영화를 본 적이 있다. 양자물리학이란 용어는 독일의 물리학자 막스 보른Max Born에 의해 처음 사용되었다. 양자물리학은 우리가 일상 경험하고 있는 거시적인 세상을 설명하는 물리학 법칙이 더는 적용되지 않는 원자나 전자, 소립자와 같은 사물의 근간을 다루는 미시적인 세상의 현상을 다루는 물리학 분야이다. 영화 내용이 학문으로서의 양자물리학과는 다소 거리가 있어 보이지만 주인공이 말한 "같은 파동끼리 만나면 시너지효과를 일으키고, 상상이 현실로 된다."라는 대사를 곱씹어 보자.

2019년 12월 20일

## '회복탄력성'을 발휘할 때

• • •

**놓친 게 무엇인지 냉철히 반성하고**

**모두의 저력으로 평온한 일상 되찾자**

요즈음엔 정보통신기술(ICT)의 발달로 스마트폰이나 컴퓨터 등 IT기기를 이용한 즐길 거리가 풍부하지만 필자의 유년 시절인 70년대 초반만 하더라도 딱히 놀 거리가 마땅치 않았다. 학교에서 돌아오면 남자아이들은 구슬치기나 딱지치기 혹은 'Y'자 모양의 나뭇가지에 고무줄을 매고 작은 돌멩이를 끼워 목표물을 향해 튕기는 새총놀이를 주로 했다. 여자아이들 대부분은 공기놀이를 하거나 삼삼오오 모여서 양쪽으로 길게 잡아당긴 고무줄을 노래에 맞추어 발로 꼬았다가 풀면서 사뿐사뿐 뛰어넘는 고무줄놀이가 대세였다. 고무줄을 도구로 삼은 놀이의 공통점은 고무줄의 '탄성복원력'을 이용한다는 점이다.

탄성복원력의 과학적 의미는 '물체에 외부에서 힘을 가하면 부피와 모양이 변하였다가 그 힘이 없어지면 본래로 되돌아가는 성질'로 표현할 수 있다. 탄성복원력과 유사한 개념으로 1973년 캐나다 생태학자 홀링Holling, C. S.이 처음 사용한 '레질리언스(resilience)'라는 용어가 있다. 원래의 의미는 환경시스템에 가해진 충격을 흡수하여 변화나 교란에 대응하는 생태계의 재건능력을 뜻했다. 그러다가 2000년대 이후 기후변화, 특히 지구온난화 문제가 현안으로 등장한 때부터는 예기치 못한 외부충격으로부터 경제·사회 등 국가 전반에 걸친 시스템의 회복탄력성으로 회자되고 있다.

최근 중국 우한에서 시작된 코로나19로 온 나라가 패닉상태에 빠져들었다. 지난달 20일 국내 첫 감염자가 발생한 이후 오늘 현재 국내 총 확진자수는 5,000명을 훌쩍 넘었으며 하루가 멀다고 가파르게 상승하고 있다. 아직도 3만 명 이상이 검사를 받고 있다고 하니 당분간은 상당수의 환자가 발생할 것으로 보인다.

간과할 수 없는 것은 코로나19가 중국과 동아시아를 넘어 글로벌 확산 추세에 놓여 있어 전문가들은 전 세계적인 팬데믹 공황상태를 우려하고 있다. 특히 우리나라의 경우 환자수가 급격히 증가하여 80여 개국이 넘는 나라에서 한국발 입국을 금지하거나 제한하고 있고 우리 국민이 타국에서 격리조치를 당하는 등 이른바 '코리아 포비아' 수모를 겪고 있다.

우리는 세계적인 의료수준과 IT기술을 보유한 국가다. 또한 무역액 1조 달러를 넘어서는 세계 10위권의 경제대국이다. 그런데 어쩌다가 하룻밤 사이에 질병관리후진국의 오명을 뒤집어 쓴 채 불명예스런 나라로 전락했는지 망연자실하지 않을 수 없다. 작금의 코로나19 사태에 보다 현명하게 대응하기 위한 정부차원의 체계적인 골든타임은 지켜졌는가? 정교한 예측과 명백한 위험신호를 놓쳐 제때에 대응하지 못해 국내외적으로 곤혹스런 처지에 내몰린 것은 아닌지 면밀히 반성해볼 일이다.

코로나19로 인한 경제적 손실도 적지 않을 것으로 보인다. 우리나라의 경우 약 20억 달러로 추산됐던 2003년 사스 때보다 경제적 손실의 범위나 정도가 더 클 것으로 예측되고 있다. 또한 MS, 아마존 등 이른바 미국의 '빅5 테크'로 불리는 기업의 시가 총액도 지난 한 주 만에 5,065억 달러(약 616조원)가 감소한 것으로 나타나 작금의 사태가 세계경제에 악영향을 미치기 시작했다는 분석이 나오고 있다. 벤카타라만B.Venkataraman 교수는 저서 〈포사이트(미래를 꿰뚫어보는 힘)〉에서 사람들은 무한한 가치가 있는 미래에 대한 예측을 그저 듣기만 할 뿐 이를 활용해 미래에 대비하지 않는다는 사실을 꼬집어 비판했다.

우후지실(雨後地實)이란 격언이 있다. 비 온 뒤에 땅이 굳듯이 지금은 잘잘못을 떠나 육체적, 정신적으로 고통 받고 있는 국민을 보듬고, 평온한 일상으로 되돌아갈 수 있도록 우리 모두의 저력을 통한 회복탄력성을 발휘할 시기다.

2020년 03월 06일

• • •

**디지털 전환기 발맞춘 빅테크 기업 육성,**

**코로나19 이후 한국경제 지향점·목표 돼야**

코로나19 팬데믹이 연일 지구촌 곳곳을 강타하고 있는 가운데 지난 11일 미국에서 하루 동안 발생한 확진자 수가 6만1,564명을 기록하는 등 브라질과 인도, 남아프리카공화국에서도 가파른 상승세가 이어지고 있다. 세계보건기구(WHO)는 지난 24시간 동안 전 세계 코로나19 확진자수가 22만8,102명으로 늘어나 신규환자 일일통계에서 역대 최대 규모를 기록했다고 밝혔다.

앤서니 파우치 Anthony Fauci 미국 국립알레르기·전염병연구소 소장이 "진정한 역사적 팬데믹"이라고 평가할 정도로 작금의 코로나19는 사스나 메르스와는 달리 전파력이 매우 강하고 쉽게 종식될 것 같지도 않다. 자칫 현 상황을 제대로 수습하지 못한다면 전 세계가 대규모 위기국면인 '퍼펙트 스톰'에 직면할 수도 있음이다.

설상가상으로 세계 경제의 양대 축을 형성하고 있는 미·중간의 기술패권전쟁은 끝 모를 미궁 속에 빠져있고 최근에 불거진 '홍콩발(發)' 리스크는 가뜩이나 어려운 세계경제의 앞날에 먹구름을 잔뜩 드리웠다. 특히 홍콩은 2019년 현재 중국과 미국, 베트남에 이은 한국의 4대 수출국으로 최대 무역흑자를 보이고 있어서 한국경제에 불어닥칠 파장이 만만치 않다.

첩첩산중인 국가적 난제를 헤쳐 나갈 수 있는 혜안은 무엇일까? 작금은 디지털기술을 사회전반에 적용해 전통적인 사회구조를 혁신하는 '디지털트랜스포메이션(DX)' 시대다. 'FAANG'으로 대변되는 페이스북, 아마존, 애플, 넷플릭스, 구글과 같은 '빅테크' 혁신기업이 내로라하는 글로벌 제조업체를 제치고 단숨에 미국증시의 상단을 차지하고 있는 것만 봐도 빅테크의 저력이 어느 정도인지는 쉽게 가늠할 수 있다.

사실 세계패권을 둘러싼 미·중간 경제전쟁의 향방도 따지고 보면 '디지털트랜스포메이션(DX)'에 기반을 둔 빅테크에 사활이 걸려 있다고 해도 과언은 아닐 듯싶다. 더욱이 작금의 코로나19 팬데믹은 비대면 디지털사회로의 전환을 강제하고 가속시키는 촉매제로 작용하고 있어서 디지털 기반의 유니콘기업 육성을 통한 빅테크 확보는 절대적이다.

디지털혁명이 가져올 파괴적 혁신은 반드시 '디커플링(decoupling)' 현상을 수반한다. 나비가 번데기에 머무르지 않고 우화(羽化)하는 힘겨운 환골탈태의 과정을 거쳐 비상하듯이, 디커플링은 기존세상의 틀을 깨고 새로운 표준을 창조함으로써 전혀 다른 가치를 창출하는 변화의 과정으로 이해할 수 있다. 표준이 바뀌면 기존산업의 틀도 새로운 표준에 맞추어야한다. 변화의 시대엔 변화에 동참해야 생존 할 수 있기 때문이다.

영국의 역사학자 아놀드 토인비 는 찬란한 인류문명은 '도전과 응전의 역사'를 이어왔으며 거센 변화에 지혜를 발휘하여 효과적으로 응전한 집단과 문명만이 역사를 이어갔음을 강조했다. 자연의 생태계는 두말할 것도 없다. 겉으로 보기엔 평온하지만 실제로는 먹고 먹히는 치열한 생존경쟁의 각축장으로 각 개체들은 서식환경에 적응하고 살아남기 위해 단 한순간도 진화를 멈추지 않는다.

우리네 일상이 코로나19 이전과 이후의 세상으로 회자될 만큼 불편하고 어려운 건 사실이지만 답답한 마스크를 벗었을 때 콧속깊이 스며드는 상쾌한 공기, 무심코 올려다 본 밤하늘의 영롱한 별들,

맑디맑은 푸른 하늘과 실개천에 흘러내리는 냇물 등 전혀 특별할 것 없어 보였던 '늘 그대로의 자연'에 대한 '감사함'은 코로나19가 우리에게 준 교훈이 아닌가 싶다. 시간은 덧없이 흘러가는데 우리는 지금 어디에 있는가? 망망대해에 표류하는 조타수 없는 작은 돛배는 아닌지 냉철히 곱씹어 볼 일이다.

2020년 07월 17일

# 코로나19 이면의 냉혹한 현실 관조할 때

• • •

**깊어지는 미국·중국의 기술패권 경쟁**

**국내 타격 큰데 편 따지기 논쟁 소모적**

따사롭고 아늑한 햇살이 내려앉은 휴일 오후, 머리를 가득 채우고 있는 잡다한 상념을 훌훌 털어버리고 가을의 정취에 흠뻑 빠지고픈 정겨운 가을 날씨다. 황금빛으로 곱게 물들어가는 들녘과 저마다의 색상으로 울긋불긋 자연을 수놓은 단풍을 마주하면서 행복은 멀리 있는 것이 아니라 내 주변에 있음을 다시금 깨닫는다.

국내 첫 확진자가 발생한 지 어느덧 9개월 째, 언제 종식될지 전혀 예측할 수 없는 코로나19는 우리네 일상을 송두리째 바꾸어 놓았다. 국내 안팎으로 침체의 늪에 깊이 빠진 글로벌경제 상황을 비롯해 일상이 된 마스크, 사회적 거리 두기 운동이 장기화하면서 답답함과 우울함을 호소하는 사람들이 주변에 속속 늘고 있다. 코로나19와 우울한 기분을 뜻하는 '블루'가 합성된 '코로나 블루' 신조어가 요즘 세태를 반영한 우리네 삶을 대변하는 듯하다.

작금에 미·중간의 경쟁이 기술패권경쟁을 넘어 치킨게임 양상으로 치닫고 있다. 우리가 미·중간의 다툼에 자유로울 수 없는 것은 수출로 먹고사는 한국경제가 이들 두 나라에 상당부분 의존하고 있기 때문이다. 미국은 자국의 이익을 최우선시하는 나라로 국익이 침해되는 것을 결코 좌시하지 않는다. 그동안 중국은 '일대일로' 경제패권 전략과 함께 IT기술의 핵심인 '반도체 굴기'를 통해 기술패권국으로의 도약을 공언하고 미국에 도전장을 내밀었다.

이런 중국의 행태가 도를 넘었다고 판단했는지 최근 미국은 작심한 듯 내로라하는 중국의 글로벌 5G 정보통신업체인 화웨이에 대해 강력한 제재조치를 취했다. 그 여파로 세계 최대 반도체 위탁생산(파운드리)업체인 대만의 TSMC가 화웨이와의 거래를 중단하는 등 미국의 제재에 동참하는 국가가 늘고 있고 통신장비의 핵심인 반도체조달에 치명상을 입게 되어 화웨이의 앞날이 불투명해졌다.

엎친 데 덮친 격으로 월간 사용자가 약 15억 명과 6억 명 이상으로 추산되는 중국 바이트댄스의 동영상 공유앱 '틱톡'과 텐센트의 다목적 메시징앱 '위챗'에 대해 미국 내 사용을 전면 금지하는 '제2의 화웨이 사태'로 중국의 IT굴기가 또 한 번의 직격탄을 맞았다. 중국에 대한 본격적인 미국의 공세는 시작되었고 이미 루비콘 강을 건넌 듯하다. 작금의 사태로 기존 글로벌 밸류체인(GVC)의 혼돈이 확산되고 장기적으로 관련 기술시장이 위축될 수 있음은 분명해 보인다.

중국에 대한 미국의 제재가 시사하는 바는 크다. 무역분쟁으로 시작한 미·중간의 다툼이 환율전쟁, 기술패권전쟁으로 확대되었고 급기야 홍콩사태를 기점으로 이제 더는 미국의 국익이 침해되는 것을 결코 감내하지 않겠다는 강력한 의지를 드러냈다는 점이며 제재의 대상기술이 디지털트랜스포메이션(DX)시대의 근간인 5G 정보통신기술과 IT공유플랫폼기술이란 점이다. 빅데이터가 4차산업혁명시대를 견인하는 핵심연료임은 주지의 사실이다. 그 연료를 수집(IT공유플랫폼)하고 산업 전반에 빠르게 확산(5G 정보통신기술)하는 핵심기술에 대한 제재는 고도의 정치적, 전략적 접근이 아닐 수 없다.

우려스러운 점은 미·중간의 분쟁이 글로벌 정치, 경제 이슈와 맞물리면서 주변국, 특히 우리나라에 큰 영향을 미칠 수 있다는 점이다. 당장은 화웨이에 메모리칩을 공급해온 국내 반도체업계의 타격은 피할 수 없게 되었다.

작금과 같은 극도로 혼란스런 국제정세에 대응하기 위한 명견만리의 지혜는 무엇인가? 갈 길은 멀고 마음은 급한데 우리는 온통 코로나19 이슈와 범벅되어 이편저편 흑백논리만 따지는 소모적 논쟁만 일삼는 것은 아닌지 냉철히 뒤돌아볼 일이다. 코로나19이슈 이면의 냉혹한 현실을 타개할 통찰과 혜안이 절실한 시점이다.

2020년 10월 23일

## 우리는 공명(共鳴)하고 있는가?

• • •

**역지사지·양보할 때 화합 이뤄져**

**경제적 난국 타개할 혜안도 공명**

2021년 신축년 새해가 밝았다. 행운과 성실, 부(富)를 상징하는 소띠 해다. 소는 성질이 유순하여 일찍이 농경사회에서 필요한 노동력을 제공하는 등 인류와 더불어 오랜 세월 함께해온 가축이다. 올 한 해 우리 사회가 소처럼 성실하고 꾸준하게 앞으로 나아가길 희망해 본다.

필자의 기억 속엔 2020년 작년 한 해는 그야말로 "코로나19로 시작해서 코로나19로 끝났다."라고 세간에 오르내릴 정도로 코로나19는 우리가 상상한 것 이상으로 일상을 송두리째 바꾸어 놓았다. 이제는 마스크 착용은 불편이 아닌 자연스런 일상이 되었으며 여럿이 모인 장소는 무의식적으로 회피하게 된다.

돌이켜보면 코로나19가 글로벌경제에 미친 영향은 대단하다. 확정된 것은 아니지만 작년 말 OECD 전망 보고서에 따르면 전 세계 경기가 극도로 침체된 가운데 그나마 한국경제는 상대적으로 선방하며 마이너스 1.1%로 예상하면서 OECD 회원국 중 1위를 기록할 것으로 전망했다.

안으로는 실물경제의 위축과 기업하기 힘든 규제와 정서가 팽배하고 밖으로는 배타적 자국우선주의 등장과 내로라하는 글로벌 IT기업들 간의 합종연횡으로 아무나 넘볼 수 없는 두터운 기술 장벽을 쌓는 등 힘겨운 국면임에도 불구하고 한국경제가 이만큼의 성과를 거둔 데는 위기에 강한 한국인 특유의 DNA가 작용한 결과로밖에는 달리 설명할 방법이 없다.

교수신문은 2020년을 대표하는 사자성어로 '아시타비(我是他非)'를 선정했다. '아시타비'는 '나는 옳고 남은 그르다'라는 뜻으로 '내로남불(내가 하면 로맨스 남이 하면 불륜)'을 한자로 옮긴 신조어다. 그야말로 작년 한 해는 온 나라가 코로나19로 뒤숭숭한 가운데 작금의 경제위기를 극복하기 위한 사회적 대타협과 공존의 장을 마련하기보다는 혼란과 반목으로 이편저편 나뉘어 비타협적이고 확증편향적인 '아시타비'로 얼룩진 한 해가 아니었나 싶다.

우리는 과연 공명(共鳴)할 수 없는가? 공명의 사전적 의미는 '특정 진동수(주파수)에서 큰 진폭으로 진동하는 현상'을 뜻한다. 물리학적 관점에서 바라볼 때 세상에 존재하는 모든 물체는 비록 인간의 오감으론 인식할 수는 없어도 각각의 개체가 고유한 진동수로 매순간 끊임없이 진동하고 있다. 만약 특정물체의 고유 진동수와 동일한 진동수의 외력이 물체에 주기적으로 전달되면 진폭이 크게 증가하게 되는데 이러한 현상을 공명(共鳴)이라고 한다. 진동은 다양한 종류의 진동계에서 나타날 수 있으며 특히 전기·공학적 진동계에서의 공명을 '공진'으로 표현하기도 한다. 중요한 것은 진동체가 연결된 경우 공명조건이 형성되면 에너지 교환이 쉽게 이루어진다는 점이다.

세상만사 모든 이치도 따지고 보면 '공명'을 '공감'이란 단어로 바꾸어 사용할 뿐 이와 크게 다를 바 없다. 상대방이 처한 입장을 역지사지의 심정으로 이해하고 공감하면서 조금씩 양보할 때 비로소 소통이 완결되어 '화합'이라는 큰 시너지를 만들어 내는 것이 아니겠는가.

최근 각고의 노력과 우여곡절 끝에 미국 바이든 행정부가 새롭게 출범했다. 바이든 행정부의 핵심경제정책인 '바이드노믹스'는 친환경·신재생에너지와 기후변화대응(2050 탄소중립)이 중심축이다. 더욱이 그간 첨예한 대립양상을 보였던 미·중간의 갈등도 지속할 것으로 보여 수출의 25.1%를 차지하는 중국과의 관계를 포함, 화석연료에 익숙한 한국경제의 앞날이 녹록지만은 않다.

작금의 난국을 타개할 혜안은 무엇인가? 단언컨대 필자는 우리 사회의 공명이라고 확신한다. 그렇다면 우리는 공명하고 있는가? 우리사회는 과연 산업의 최전선에서 불철주야 고군분투하고 있는 우리 기업과 충분히 공명하고 있는지, 그들의 호소에 마음을 열고 귀 기울이고 있는지 냉철한 숙고가 필요하다.

2021년 01월 29일

# II. 위기를 기회로

자연과 과학에서 배우는 도전과 극복의 힘

위기를 기회로 바꾸는 한국인의 DNA

**꿀벌·황제펭귄·메타세쿼이아 생존방식**

**4차산업혁명, 유연한 발상과 통찰이 필수**

4차산업혁명시대가 개막되었다. 전 세계가 국가의 명운을 걸고 숨 가쁘게 움직이고 있다. 필자는 4차산업혁명시대에 필요한 정신은 고정관념을 뛰어넘어 유연한 발상에 기반한 창의적인 생각과 협업, 실패를 무릅쓰는 도전정신이라 생각한다.

이에 대한 구체적인 모범답안을 우리는 자연에서 배울 수 있다. 자연에 존재하는 동·식물들의 생존전략은 창의성에 기반한 주변 환경과의 조화, 소통에 의한 협업으로 완성된다. 가령, 사회적 동물인 꿀벌의 경우 '벌춤'을 통해 의사소통을 한다는 것은 잘 알려진 사실이다. 꿀벌은 '원형 춤' 혹은 '8자 춤' 등 꼬리 춤을 통해 동료들에게 꿀이 있는 위치와 방향에 대한 정확한 정보를 전달하며 사전 정보교환을 통해 꿀이 있는 꽃에서만 꿀을 채취하기 때문에 효율적인 작업이 가능하다.

또한 꿀벌의 천적인 말벌이 침입하면, 많은 꿀벌들이 말벌을 에워싸고 순간적으로 말벌에 치명적인 열을 발생시킴으로써 말벌을 제거한다. 물론 말벌과의 치열한 전투과정에서 대부분의 꿀벌들도 희생되지만 직면한 위험으로부터 사회공동체를 보호하기 위한 꿀벌의 협업과 헌신이 3천만 년이라는 장구한 꿀벌의 역사를 유지해온 비결일 수도 있겠다는 생각이 든다.

'황제펭귄'의 예를 들어보자. 남극의 '황제펭귄'은 영하 40~50℃의 혹한의 날씨를 '허들링(huddling)'이라는 독특한 방식을 통해 지혜롭게 대처한다. '허들링'은 황제펭귄들이 중앙으로 동그랗게 모여들어 바람을 막아주고 서로의 체온으로 상대방을 따뜻하게 유지시켜 주는 방법으로, 빽빽하게 무리지어 빙빙 돌면서 어느 정도 체온을 유지한 중앙에 있던 펭귄은 바깥으로 빠져나가고 밖에 있던 펭귄이 서서히 무리 안으로 들어옴으로써 모든 펭귄들이 혹한의 날씨를 견딜 수 있게 한다. 그야말로 차원 높은 배려와 상생의 정신이 아닐 수 없다.

식물의 경우 생존을 위한 협업은 더욱 정교하고 섬세하다. 식물은 광합성을 통해 생존에 필요한 에너지를 얻기 때문에 식물에게 있어서 햇빛은 절대적이다. 특히 동물과는 달리 거동할 수 없기 때문에 모든 식물들은 그 자체로 햇빛을 잘 받을 수 있는 구조를 취하고 있다. 가령, 가로수로 많이 사용되는 메타세콰이어는 원추형구조로 되어 있어서 나무의 모든 부분이 햇빛을 골고루 받을 수 있다. 또한, 주변의 다른 메타세콰이어나무와 크기가 엇비슷하여 햇빛을 함께 공유한다.

이렇듯, 거목을 포함하여 들녘에 피어있는 이름 모를 잡풀에 이르기까지 자연에서 살아가는 모든 식물의 잎들은 겹치지 않고 펼쳐 있다. 혹여 겹친다 하더라도 생존에 필요한 최소한의 햇빛은 나눌 수 있는 구조로 되어 있어서 배려와 협업을 엿볼 수 있다.

돌이켜보면 인류가 자연에 존재하는 동·식물들의 창의적인 생존전략에서 아이디어를 얻어 기술의 한계를 극복한 사례는 무수히 많다. 가령, 중세 르네상스시대의 예술가이자 과학자인 레오나르도 다빈치Leonardo da Vinci는 자연의 창의성이 인간의 능력을 훨씬 뛰어넘는다고 확신했으며 자연을 존중하고 배우는 자세야 말로 가장 현명한 삶의 방식이라고 믿었다.

한 예로, 다빈치는 새를 관찰하고 날아가는 방법에 대한 연구로 최초의 비행기인 '오니솝터(Ornithopter)' 원리를 생각했으며 바람부는 날 단풍나무 씨앗이 움직이는 모습과 공중으로 솟구치는 새들의 날갯짓 모습에 착안하여 헬리콥터의 프로펠러를 고안하기도 했다.

이뿐만이 아니다. 임진왜란 때 조선 수군의 자랑이었던 '거북선(龜船)'도 따지고 보면 자연의 창의성을 모방한 결과물이기도 하다. 거북선의 선체는 용의 머리, 거북의 등과 꼬리의 형태를 취했다. 특히 거북의 등은 날카로운 창과 송곳으로 무장하여 마치 고슴도치가 적으로부터 공격당할 때에 방어하는 자세를 취하고 있어서 적군이 쉽게 공격할 수 없었다.

벨크로(Velcro), '찍찍이'라는 별명이 붙어 있는 섬유부착포는 갈고리 모양의 '도꼬마리' 끝부분이 섬유 올에 고리처럼 걸려있는 것에 착안되어 발명된 일화는 유명하다. 4차산업혁명시대가 개막되었다. 이 시대가 요청하는 창의와 협업의 정신, 자연으로부터 지혜를 배울 수 있지 않을까?

2017년 12월 29일

## 산업생태계, 혁신과 경쟁의 장으로

• • •

**중소·스타트업 기업 활성화 도모해**

**지속가능한 혁신과 경쟁 이끌어야**

요즈음 국내산업 경쟁력에 대한 우려의 목소리가 높다. 더욱이 최근에 불거진 미국과 중국의 유례없는 무역전쟁으로 한국의 대미·대중 수출에 적지 않은 영향을 끼칠 것으로 보여 수출에 의존하는 한국경제가 졸지에 '고래 싸움에 새우 등 터지는' 처지가 되었다.

그도 그럴 것이 2017년 산업통산자원부 통계에 의하면 세계 경제의 양대 축을 이끌고 있는 이들 두 나라에 대한 수출비중은 중국이 1,421억 달러(24.7%), 미국이 686억 2,000만 달러(11.9%)로 우리나라 총 수출액의 36.6%를 차지하고 있다. 게다가 우리나라의 수출은 반도체 의존도가 심하고 이마저도 대중국 ICT수출로 쏠리는 경향을 보이고 있어 우려의 목소리는 어쩌면 당연한 일인지도 모른다.

특히 반도체굴기를 내세우는 중국 등 후발업체의 신규공급이 본격화 되면 수출 감소는 불을 보듯 뻔하다. 작금의 한치 앞을 예단할 수 없는 무역전쟁은 당분간 지속할 것으로 보이며 이로 인해 전 세계적으로 보호무역 징후가 수면위로 떠오르고 있다.

안개 속 같은 세계정세 속에서 과연 우리는 어떻게 격랑의 파도를 헤쳐나가야 할까? 작금의 불안한 세태를 반영하듯 언론에선 하루가 멀다고 현 상황에 대한 긴급 진단과 대처 방안을 쏟아내고 있다. 그 중에는 중국과 미국 일변도의 수출을 다변화하고 반도체 이외에 수출을 견인할 수 있는 '포스트 반도체' 품목을 발굴, 육성하는 등 우리나라 산업 전반의 생태계를 획기적으로 개선해야 한다는 내용이 주를 이른다.

모두 옳은 말이다. 그러나 이러한 주장이 한낱 귓가에 맴도는 공허한 메아리로만 울리는 것은 비단 필자만의 생각은 아닐 듯싶다. 이러한 주장들은 하루아침에 완성할 수 없는 오랜 시간에 걸친 힘겨운 노력과 실패를 통해서만 얻을 수 있는 '경험의 축적'에 기반을 두고 있기 때문일 것이다.

자연생태계의 예를 들어보자. '생태계(ecosystem)'의 사전적 의미는 '자연에 존재하는 생물과 주변 무생물 환경사이의 유기적인 상호 관계로 동일한 환경에 있으면서 상호의존성과 완결성을 갖춘 완전히 독립된 유기체 집단 체계'를 뜻한다.

가령, 광합성을 통해 녹색식물이 생산한 에너지는 1차 소비자인 초식동물에게 전달되고 종(種)간의 먹고 먹히는 먹이사슬(food chain)을 거쳐 2차, 3차 상위포식자에게 전달된다. 결국 하나의 완전한 생태계 안에 서식하는 모든 유기체들은 복잡하지만 정교한 먹이사슬을 통해 서로 밀접하게 연관되어 있으며 생산자인 녹색식물이 제공하는 에너지를 여러 유기체에 걸쳐 순환시켜 지속가능한 자연생태계를 유지한다.

산업생태계도 이와 유사하다. 자연생태계에서는 에너지 생산자인 녹색식물이 근간이듯이 지속가능한 산업생태계를 담보하기 위해선 산업계의 녹색식물인 중소(벤처)기업 및 스타트업의 활성화가 무엇보다도 중요하다. 또한 이들 뿌리기업들이 '기업가정신'으로 무장하여 창의적인 아이디어와 혁신기술을 협업과 경쟁을 통해 마음껏 제품으로 구현할 수 있는 '혁신과 경쟁의 장(場)' 토대 구축이 절실한 시점이다.

우리 속담에 "늦었다고 생각할 때가 가장 빠른 때다."라는 말이 있다. 지금도 늦지 않았다. 우리나라 산업계 전반에 적자생존과 건강한 먹이사슬 규칙이 지배하는 지속가능한 '혁신과 경쟁의 장(場)' 토대 구축을 꿈꿔본다.

2018년 09월 14일

# 카멜레온의 변화가 요청되는 시대

• • •

**사회 전반에 스며든 와해적 혁신기술**

**변화에 적응하려면 유연한 대처 필요**

카멜레온의 사전적 의미는 '뱀목 카멜레온과에 속하며 도마뱀과 비슷하지만 투구 형태의 머리에 몸에는 깨알 같은 작은 돌기가 많은 파충류'로 정의된다. 보통은 15~30cm까지 성장하지만 마다가스카르에 서식하는 한 종은 무려 80cm까지 성장하는 것도 있다고 한다. 카멜레온의 종류는 약 85종으로 2~4종을 제외하고는 대부분 아프리카와 마다가스카르 지역에 서식한다. 카멜레온의 색깔은 보통은 회색이나 갈색 혹은 초록색인데 빛의 강약과 주변 온도, 감정의 변화에 따라 자유롭게 몸의 색깔을 바꿀 수 있다고 한다.

이러한 카멜레온의 특징은 때로는 자기 잇속에 따라 쉽게 마음과 태도를 바꾸어 행동하는 사람들을 빗대어 부정적인 의미로 사용하기도 하지만 오늘날과 같이 하루가 멀다고 과학기술이 급변하는 4차산업혁명시대에는 오히려 커다란 장점으로 작용할 수 있을 것 같기도 하다.

작금의 4차산업혁명시대는 적자생존, 약육강식의 논리가 지배하는 와해적 혁신의 무한경쟁시대다. 와해적 혁신기술이 우리 사회 전반에 미치는 파급효과는 매우 크다. 기존의 기술을 하루아침에 쓸모없게 만들어 기존 제품을 생산하는 업체는 물론 해당 산업에 종사하는 노동자를 일시에 변화의 희생양으로 만들어 버릴 수 있기 때문이다.

가령, 디지털카메라의 등장은 기존 아날로그필름 카메라 시장과 함께 당시 카메라업계의 공룡이었던 코닥을 일순간에 무너뜨렸다. 아이러니하게도 최초의 디지털카메라가 1975년 코닥의 엔지니어에 의해 발명되었지만 변화에 대응하지 못하고 현실에 안주하다가 후발 디지털카메라 기술에 의해 한순간에 몰락한 사건은 시사하는 바가 작지 않다. 와해적 혁신기술은 최근 스마트폰, 인터넷 등 정보통신기술(ICT)의 급격한 발달로 사회 전반에 빠르게 스며들고 있으며 기존 산업의 틀을 송두리째 무너뜨리고 있다.

와해적 혁신이 가장 활발한 분야로는 온라인을 통해 고객을 오프라인 사업으로 연결하는 'O2O(online to offline)' 분야로 에어비앤비(Airbnb)와 우버(Uber), 위워크(wework) 등을 대표적인 O2O기업으로 꼽을 수 있다. 이들 O2O기업들의 특징은 인터넷 기반의 온라인 플랫폼기술을 오프라인 호텔 및 택시, 사무실 등과 연계시켜 사회 전반의 영역에서 활용되지 않고 있는 자원을 온라인으로 연결하여 '맞춤형 비즈니스 모델'을 만들고 새로운 시장에 부합하는 혁신적인 서비스를 제공하고 있다는 점이다.

그렇다면 와해적 혁신은 어디에서 오는가? 필자의 생각으론 급격한 과학기술의 발달로 전개될 새로운 세상을 한발 앞서 간파할 수 있는 주도면밀한 통찰력과 변화된 세상에서 요구하는 콘텐츠에 대한 기발한 착상(着想), 즉 변화를 바라보는 유연한 사고와 창의적인 아이디어가 와해적 혁신의 발원지가 아닐까 생각한다.

작금에 전 세계적으로 4차산업혁명이라는 저항할 수 없는 거센 변화의 바람이 불어 닥치고 있다. 변화로부터 살아남기 위해선 과감하게 변화의 과정에 능동적으로 동참해야 한다. 바람 부는 날 서핑한다면 파도가 진행하는 방향으로 유연하게 균형을 맞추어 바람과 함께 이동해야 물에 빠지는 우(愚)를 범하지 않는다. 변화에 올바르게 대응하지 못하고 현실에 안주하다가 역사의 뒤안길로 사라진 코닥을 직시하고 반면교사로 삼아야 한다.

지금은 적자생존, 약육강식의 논리가 지배하는 와해적 혁신의 무한경쟁시대다. 변화에 유연하게 대처하는 카멜레온의 생존전략이 요청되는 시기다.

2018년 10월 12일

# 도전과 응전의 기해년

• • •

**5G 상용화 등 4차산업혁명 도래**

**변화된 세상 속 생존전략 '혁신'**

기해년 새해가 밝았다. 특히 2019년 올해는 '황금돼지' 해인 만큼 우리네 생활이 좀 더 여유롭고 풍요로운 멋진 한 해가 되기를 희망해 본다. 지난 한 해를 되돌아보면 그야말로 격랑의 한 해가 아니었나 하는 생각이 든다. 전 세계적으로 4차산업혁명이라는 거센 바람 속에서 인공지능, 빅데이터, 블록체인, 자율주행, 사물인터넷(IoT)을 비롯하여 차세대정보통신기술(ICT)인 5G 기술이 2019년 상용화를 목표로 개발되는 등 혁신적인 기술들이 우리 삶에 스며들어 우리네 생활패턴이 변화하고 있음을 피부로 느꼈던 한 해였다.

2년 전만 하더라도 우리 사회에 광풍(狂風)을 일으켰던 암호 화폐 비트코인은 분산형 공개장부인 블록체인기술로 운영된다. 블록체인기술은 익명성과 보안성이 탁월하고 이중 지불 방지 등, 장부의 무결성을 유지하여 안전하고 투명한 개인 간 직접 금융거래를 실현할 수 있어 중앙은행의 중계가 불필요한 기술이다.

5G 정보통신기술을 예로 들어보자. 가령, 지난해 2월 평창 동계올림픽 개막식에서 1,218개의 드론으로 평화의 상징인 오륜기를 연출해 평창의 밤하늘을 아름답게 수놓은 드론 쇼를 비롯해 다양한 방향에서 설치한 100여 대의 카메라로 동시에 촬영한 방대한 양의 영상데이터를 하나로 묶어 경기영상을 오류 없이 실시간으로 전송한 '타임슬라이스' 영상 기법은 5G 정보통신기술 없이는 도저히 상상할 수 없는 일이다.

4차산업혁명시대는 이미 시작되었고 '티핑 포인트'를 넘어 이제 더는 과거로 회귀할 수 없는 거역할 수 없는 대세가 되었다. 4차산업혁명시대의 기술의 속성은 기존 기술을 완전히 대체하는 와해적 혁신성에 있다. 또한 하루가 멀다고 급속히 진화하는 기술의 특징상 모방자체가 불가하다.

필자의 생각으론 머지않아 인류는 아마도 SF영화에서나 볼 수 있는 확연히 변화된 세상에서 살아갈 것 같다. 변화된 세상에서 생존하기 위해선 우리 모두가 변화해야 함은 자연생태계의 생존전략에서 해답을 찾을 수 있다. 일찍이 진화라는 자기혁신을 통해 환경변화에 적응하지 못한 동식물들은 예외 없이 모두 지구상에서 사라졌음을 깊이 인식해야 한다.

19세기 영국의 역사학자인 아놀드 토인비Toynbee, Arnold Joseph는 그의 저서 〈역사의 연구; A Study of History〉에서 인류문명의 흥망성쇠를 '도전과 응전'에 비유했다. 토인비는 인간의 문명은 안락한 주변조건에서 발생한 것이 아니라 오히려 역경에 직면하여 그 도전을 극복하면서 문명이 꽃피웠음을 역설했다.

기해년 희망의 새해가 밝았다. 4차산업혁명의 주사위는 이미 우리 앞에 던져졌고 시대적 도전이 되었다. 우리는 과연 거센 도전에 어떻게 응전할 것인가? 우리 앞에 펼쳐진 냉엄한 현실을 직시하면서 지혜를 모아야 할 한 해다.

2019년 01월 14일

## 유비무환의 바우어새

• • •

**집과 정원 다듬고 또 다듬는 바우어새**

**우리도 창조적 과학기술 지식 축적을**

바우어(bauer)새는 '참새목 바우어새과에 속하는 조류의 총칭'으로 주로 오스트레일리아와 파푸아뉴기니 지역에 서식하는 것으로 알려져 있다. 파푸아뉴기니 지역은 새의 천적인 고양잇과 동물이 존재하지 않기 때문에 바우어새는 여느 새와는 달리 땅에다 바우어(집)를 짓는다. 집의 형태와 크기는 다양하지만 보통은 약 1.5*m*로 어린아이가 들어갈 수 있을 정도의 크기이다.

수컷 바우어새는 약 9개월에 걸쳐 집짓기를 하는데 능통한 건축가처럼 과학적인 방법으로 바우어의 형태를 만들어 나간다. 바우어가 완성되면 정원사(庭園師)새라는 별칭에 걸맞게 다양한 색상의 수

집품으로 앞마당에 정원(?)을 만든다. 바우어새는 미적 감각이 매우 뛰어나 정원의 미관을 해치는 것은 무엇이든 제거하며 수집품에 대한 위치와 각도를 세심하게 따지고 자신이 꾸민 정원을 멀리서 확인하는 것도 잊지 않는다.

정원이 완성되면 암컷을 부른다. 부단한 노력에도 불구하고 암컷이 오지 않으면 암컷이 올 때까지 정원을 거듭 새롭게 준비한다. 단순히 자연의 본성이라 치부하고 넘어가기엔 번식을 위한 바우어새의 치밀하고 지속적인 사전준비성이 대단할 따름이다.

최근에 미국과 중국 간의 G2 패권경쟁으로 우리 경제가 매우 위태로운 국면에 처해 있는 가운데 설상가상으로 일본이 반도체 제작 공정에 사용되는 고순도 불화수소, 플루오린 폴리이미드, 포토레지스트 등의 핵심소재에 대해 대한(對韓) 수출 품목에서 제한한다는 규제를 발표했다. 일본의 규제가 우리에게 매우 뼈아프고 중대한 이유는 이들 소재 없이는 고품질의 반도체 생산이 불가하여 우리나라 전체 수출의 20%이상을 차지하고 있는 반도체 수출에 큰 피해가 예상되기 때문이다.

작금의 위기는 어디에서 왔으며 어떻게 해결할 수 있을까? 때 늦은 감이 없지 않지만 뼈저린 반성과 냉철한 원인 분석을 통해 미래를 준비한다면 "늦었다고 생각할 때가 가장 빠르다."라는 말처럼 전화위복의 기회로 삼을 수도 있지 않겠는가. 바라보는 시각에 따라 다양한 해석이 있겠지만 필자는 현재의 위기를 우리나라 과학기술 전반에 걸친 '창조적 지식 축적'의 부재가 주된 요인이 아닐까 하는 생각이 든다.

핵심부품 및 소재를 포함한 개념설계 능력이나 산업 전반을 조망하는 아키텍트 능력은 오랜 기간을 통한 창조적 경험축적을 통해서만 얻을 수 있으며 선진국은 우리와는 비교할 수 없는 오래된 산업역사를 거치는 동안 수많은 시행착오와 경험을 통해 이 능력을 획득한 반면 우리는 아직 이러한 경험이 일천하기 때문이다.

이제 더는 과학기술 분야에 대한 적극적인 투자와 실패를 용인하는 환경 구축을 미룰 수 없다. 세계 굴지의 업체인 애플, 구글, 아마존 같은 혁신기업은 오히려 실패를 용인하고 심지어는 '빠른 실패'를 장려하고 있지 않은가? 이유는 단순하다. 실패를 통해 경험이라는 귀중한 자산을 축적할 수 있기 때문이다.

반도체를 포함한 제조업의 지속가능성은 거듭 강조해도 지나침이 없다. 스마트공장 등 산업전반의 패러다임을 바꿀 혁신적인 아이디어가 제조업 현장에서 비롯되고 안정적인 양질의 일자리를 제공할 수 있기 때문이다. 또한 서비스산업을 포함한 전후방산업의 발전을 견인하는 등 국가경제의 중추적인 역할을 제조업이 제공할 수 있기 때문이다. 위기에 봉착한 국내 제조업의 레질리언스(resilience)를 위해선 4차산업혁명기술과 제조업이 융합되고, 창의력과 공감능력을 두루 갖춘 문제해결형 인재를 육성하기 위한 중장기 교육시스템 마련이 시급하다.

편안할 때 다가올 위기를 미리 생각하고 대비하라는 진나라 위강[魏絳]이 전한 "거안사위(居安思危), 사즉유비(思則有備), 유비무환(有備無患)"의 격언을 곱씹으며 작금의 현실을 반면교사로 삼아야 할 때다.

2019년 07월 26일

• • •

**기술패권 전쟁 시대, 현실 방안 마련해야**

**국가연구개발전략, 근본적인 혁신 절실**

작금에 일본이 핵심소재에 대한 수출규제 등 '화이트리스트' 국가에서 우리나라를 배제한 사건으로 나라 전체가 삽시간에 북새통이 되어버렸다. 일본의 규제 발표 직후, 정부를 비롯한 유관단체 및 시민단체들은 하루가 멀다고 일본의 부당한 행위를 규탄하는 등 원상회복을 위해 절치부심 중이며 관련 기업체는 긴급 대응방안을 마련하기 위해 총력을 기울이고 있다.

한·일간 문제를 포함해 미국과 중국 간의 이른바 G2 패권전쟁은 분명 우리에겐 큰 도전이며 위기가 아닐 수 없다. 그야말로 산 너머 산이요 바람 앞에 놓인 촛불처럼 풍전등화의 어려운 형국이다. 단순히 우리 경제에 일시적으로 불어닥친 성장통으로만 치부하고 넘어가기엔 우리가 감내해야 할 고통이 크고 상처가 깊다.

우려스러운 점은 현재의 어려운 상황이 결코 단기간에 끝나지 않을 것이며 오히려 '자국우선주의' 미명 아래 끝 모를 경쟁의 시발점으로 바라보는 것이 더욱 현실적일 것이다. 지금은 기술패권의 시대다. 원하든 원치 않든 우리의 의지와는 상관없이 철저하게 약육강식의 법칙이 지배하는 승자독식의 4차산업혁명시대를 마주하고 있다. 지구상의 어느 나라도 작금의 사조로부터 자유로울 수 없으며 기술경쟁우위를 통한 배타적 주도권 확보를 위해 국가적 명운을 걸고 지금 이 순간에도 기술패권전쟁을 벌이고 있다.

일본의 수출 규제에 대해 의견이 분분하지만 그 핵심에는 기술패권국으로서의 배타적 지위 확보는 물론 우리나라의 반도체 산업을 견제하려는 속내가 다분히 녹아 있음을 부인하기 어렵다. 이 난국을 어떻게 헤쳐나갈 수 있을까? 뼈아픈 일이지만 현실을 이성적으로 냉철하게 직시하고 극복해야 할 당면문제로 인식해야 한다. 언젠가는 경쟁의 막다른 길목에서 마주해야 할 문제였지만 미쳐 손쓸 틈 없이 일찍 맞닥뜨린 현실문제로 받아들이는 인식의 대전환이 필요하다. 직면한 문제에 대한 공감대를 형성하고 단순 구호가 아닌 문제 해결을 위한 실질적인 방안과 전략을 이번 기회에 체계적으로 마련해야 한다.

핵심소재·부품 등 원천기술 측면에서 일본과의 기술력 차이는 부인할 수 없는 엄연한 현실이다. 일본이 원천기술에 앞선 것은 수십 년 간 한 우물을 팔 수 있는 '장인정신'이 그들의 연구문화에 내재해 있고 실패를 용인하는 사회적 공감대가 형성되어 있기 때문이다. 또한 100여 년 전부터 기초과학을 육성해온 일본에 비해 우리는 고작 80년대부터 실질적인 투자가 이루어져 경험과 노하우 등 지식축적을 위한 시간이 턱없이 부족했다.

비록 객관적인 지표에서 일본과의 기술력 차이는 극명해 보이지만 난관에 대한 극복이 전혀 불가능한 것만은 아니다. 1965년 우리나라의 1인당 GDP는 약 106달러로 아프리카의 잠비아나 가봉보다 못한 빈국이었지만 현재는 세계 10위권의 경제대국으로 자리매김하고 있다. 그만큼 한국은 세계가 인정하는 저력 있는 나라다.

"위기는 기회다."라는 말이 있지만 세상에 공짜는 없다. 혁신의 과정에서 필연적으로 수반하는 고통을 오랫동안 감내할 수 있을 때만 가능한 조건부 명제다. 이번 기회에 국가연구개발전략을 근본적으로 혁신하고 외풍에 탄력적으로 대처할 수 있는 국내 산업생태계의 혁신이 필요하다.

'코이(koi)'라는 관상어가 있다. 이 물고기는 작은 어항에 기르면 5~8㎝밖에 자라지 않지만 수족관이나 연못에 넣어두면 15~25㎝까지 자라고 강물에 방류하면 90~120㎝까지 성장한다고 한다. 환경 변화에 민감하게 반응하며 성장하는 카멜레온 같은 물고기다. 남을 탓할 겨를이 없다. 거센 도전은 이미 우리 앞에 던져졌고 과감한 혁신을 통한 담대한 응전으로 작금의 난관을 천재일우의 기회로 삼아 전화위복의 시발점으로 삼아야 할 때다.

2019년 08월 23일

## 선택은 하나, 혁신!

• • •

**우수 기술 지니고도 혁신기술·제품 적어**

**새 세상 문 여는 '개념설계' 역량 키울 때**

크고 작은 태풍이 지나가더니 가을이 성큼 우리 곁으로 다가온 듯하다. 어느덧 들녘엔 가을 햇살에 잘 여문 나락의 황금물결이 출렁이고 하늘은 그지없이 맑고 푸르다. 새삼스레 무슨 걱정거리라도 있었느냐 반문하듯이 최근에 우리 경제에 불어닥친 위기 상황과는 대조적으로 얄미울(?) 정도로 평화로운 날씨다.

요즈음 우리 경제는 한치 앞도 나아갈 수 없는 거센 폭풍에 맞닥뜨리고 있다. 자칫 정신을 바짝 차리지 못하면 중심을 잃고 단숨에 날아갈 만한 광풍이다. 미국과 중국 간의 이른바 G2 패권전쟁은 출구가 전혀 보이지 않고 엎친 데 덮친 격으로 최근 일본의 수출 규제는 우리 경제를 더욱 심각하게 위협하고 있다.

부존자원이 부족하고 내수시장이 작은 우리나라는 전적으로 수출에 의존하는 경제구조를 갖는다. 주요 수출 품목은 반도체, 자동차, 선박, 기계, 석유화학제품 등으로 중국과 미국, 일본 등이 주요 수출국이다. 아이러니하게도 이들 제품들을 제조하기 위해 필요한 전자 및 기계 부품, 공업 원료 등 핵심 자본재의 수입도 이들 3개국에 상당 부분 의존하고 있어 수출에 의존하는 우리 경제에 먹구름이 드리운 것은 분명해 보인다.

클라우스 슈밥Klaus Schwab이 주창한 4차산업혁명이란 용어가 세간의 입에 오르내리기 전인 2010년 중반만 하더라도 작금과 같은 곤혹스런 현실과 마주하리라고는 상상조차 못했다. 4차산업혁명 이전의 기술과 시장의 트렌드는 어느 정도 예측이 가능해 비록 후발주자라 하더라도 자원을 집중적으로 투입하고 부단히 노력한다면 선진기술에 대한 캐치업(catch up)을 통해 성과를 창출할 수 있었다.

그러나 오늘날처럼 와해적 혁신기술이 지배하는 승자독식의 4차산업혁명시대는 인공지능, 빅데이터, 클라우드, 사물인터넷 등 이종 간의 기술이 융합하여 전혀 새로운 혁신기술 및 서비스플랫폼으로 진화하고 있고 기술의 생명주기도 매우 짧아 모방 자체가 불가하다.

아쉽게도 우리는 4차산업혁명시대를 주도하기 위한 혁신에서 경쟁국에 비해 상당히 뒤처진 상태다. 갈 길은 멀고 마음은 급한데 G2 패권전쟁 및 일본의 수출규제, 혁신의 부재로 작금의 한국경제는 삼중고를 겪고 있다.

이 위기를 어떻게 극복할 수 있을까? 늦었지만 지금부터라도 개념설계 역량 확보에 충실해야 한다. 전문가들은 그간 우리 경제는 산업화의 과정에서 많은 비용과 시간이 요구되는 기초원천 연구보다는 제품을 생산, 판매하기 위한 응용기술에 집중해왔기 때문에 실행력은 우수한데 개념설계의 필수 선행조건인 제조역량은 부족하다고 말한다. 아마도 개념설계 역량은 수많은 실패를 감내하며 장기간에 걸친 '축적의 시간'을 통해 체득되는 기술의 속성을 갖고 있기 때문일 것이다. 우리가 세계 최초, 세계 최고 기술들은 많을지라도 세상을 변혁시키는 혁신기술 및 제품으로 발전할 수 없는 이유가 바로 여기에 있다.

이제 더는 4차산업혁명을 주도하기 위한 혁신을 뒤로 미룰 수 없다. 혁신을 가로막는 규제나 제도는 과감히 개선하고 네거티브 규제 샌드박스를 통해 다양한 분야의 혁신기술을 발굴, 육성해야 한다. 불행 중 다행으로 우리는 세계 최초로 차세대정보통신기술(ICT)인 5G 상용화에 성공했다. 5G는 인간과 인간을 둘러싼 환경적 요소들, 가령 사람과 사람, 사람과 사물, 사물과 사물의 초연결 지능형 네트워크가 가능해 시공간의 제약을 극복하고 새로운 성장 기회와 가치창출을 견인할 수 있는 4차산업혁명기술의 근간이다.

5G로 구현할 수 있는 자율주행기술 등 다양한 서비스플랫폼 기술을 주도하기 위한 제품규격 및 세계표준을 선도해야 한다. 혁신은 적자생존시대에 필수적인 생존전략이다. 번영이냐 퇴보냐의 기로인 '티핑 포인트' 시점이 그리 머지 않았다. 머뭇거리다 실기할까 두렵다. 고진감래라 했다. 역경에 맞서 혁신의 길로 나아갈 때다.

2019년 09월 27일

# 산학연 융합생태계 '코업(Co-Up)'으로

• • •

**기업 맞춤 인재 육성하는 협업 교육**

**우리 경제 경쟁력 키우는 생존 전략**

자연의 모든 생명체는 그 크기와 형태, 동물 혹은 식물에 관계없이 지속가능한 에너지 순환시스템인 생태계 안에서 균형을 이루며 살아간다. 생태계의 사전적 의미는 '어떤 지역 안에 서식하는 생물군과, 이것들을 제어하는 무기적 환경요인이 종합된 복합 체계이며 빛, 기후, 토양, 무기물 등 비생물적 요소와 생산자, 소비자 및 분해자로 구성된 생물적 요소'로 설명된다. 생산자인 녹색식물로부터 창출된 에너지는 복잡한 먹이사슬로 연계된 소비자를 거쳐 분해자를 통해 다시 무기물로 돌아온다. 이렇듯 자연의 생태계는 끊임없이 반복되는 에너지생성 및 소멸과정을 통해 에너지의 순환이 지속 가능하도록 유지한다.

필자에게 다가오는 자연의 생태계는 감성적이며 고요하고 평화롭다. 하지만 그 내면을 면밀히 들여다보면 약육강식의 논리와 확고부동한 먹이사슬 법칙이 지배하는 생존을 위한 필사적인 경쟁의 터다. 생존하기 위해선 '윈-윈(win-win)' 하는 상리공생 관계를 유지하거나 혹은 남달라야 한다. 남과 다르려면 현재에 안주하지 않고 변화해야 한다.

자연의 동·식물에서 흔히 발견할 수 있는 '진화'라는 변화의 흔적도 따지고 보면 장구한 시간의 흐름 속에서 지속적인 자기혁신을 통해 환경에 최적화하여 필사적으로 살아남기 위한 고도의 생존전략이 아니던가? 자연의 생태계는 그 안의 모든 생명체에게 보편타당한 지속가능한 에너지 순환시스템을 제공하지만 그 시스템 안에서 승자가 될지, 패자가 될지의 여부는 오로지 시스템 안에 존재하는 개체들의 처절한 노력 여하에 달려 있음을 깊이 인식할 필요가 있다.

작금에 우리나라 경제가 G2 패권전쟁 및 일본의 수출 규제로 매우 곤혹스럽고 어려운 위기상황에 봉착해 있다. 현재의 국면을 극복하기 위한 정책의 일환으로 정부 및 지자체에서는 지역의 기업과 대학, 연구소가 협업하는 산학연 '코업(Co-Up)' 교육프로그램을 개발하여 기업이 필요로 하는 디지털 역량을 갖춘 인재, 즉 4차산업혁명시대에 걸맞은 인재육성을 통해 일자리 미스매치를 해소하고 고용창출에 도움이 될 수 있도록 노력하고 있다.

최근에 필자는 캐나다 워털루시에 위치한 워털루대학(University of Waterloo)을 방문한 적이 있다. 워털루시는 캐나다 IT산업의 중심지이며 워털루대학 출신인 마이크 라자리디스M.Lazaridis 가 창업하여 세간에 '오버마폰'이란 이름으로 알려진 캐나다의 대표적인 스마트폰 제조회사인 '블랙베리(Blackberry)' 본사가 있는 도시다.

워털루대학은 1957부터 산학협동교육과정인 '코업' 프로그램을 운영하고 있는데 매년 1만 명 이상의 학생이 100개 이상의 프로그램에 참여할 정도로 전통과 전문성을 인정받아 세계적으로 명성이 자자하다. 전공에 따라 다소 상이하지만 매년 1학기(4개월) 동안은 산업체에서 코업이 필수적으로 진행되어 졸업까지는 5년이 소요되지만 산업체에서 1년간의 실무경험을 쌓을 수 있어서 코업을 진행한 업체는 물론, 마이크로소프트(MS), 구글(Google) 등 굴지의 글로벌 IT 혁신기업들이 워털루대학 졸업생들을 선호하고 있다.

워털루대학은 이외에도 창업보육센터를 직접 운영하며 스타트업을 보육하고 있고 지자체 및 지역의 관련 기업체와 공동으로 벤처육성에도 힘쓰고 있다. 한마디로 산·학이 협력하여 코업을 통해 기업에 필요한 인재를 양성하고 있고 지자체와 관련 유관기관은 스타트업 및 혁신벤처가 잘 성장할 수 있도록 체계적인 지원을 아끼지 않음으로써 산·학 및 지방정부의 맞춤형 협업시스템이 유기적으로 작동하고 있음을 알 수 있다.

'블랙베리'가 워털루대학의 창업보육센터에서 탄생한 것이 그저 우연만은 아닐 듯싶다. 우리네 현실을 감안할 때 부럽고 가슴이 먹먹한 것은 사실이지만 이제라도 산·학·연 및 지자체가 코업에 대한 중요성을 인식했으니 그나마 다행이라면 다행이다. 서둘지 말고 한 걸음 한 걸음 천천히 앞으로 나아가자. 코업의 장마당을 우리 모두 다 함께 펼쳐보자!

2019년 11월 01일

# '섭동(攝動, perturbation)'의 시대

• • •

**힘의 상호작용에 의해 일어나는 변화**

**유연하고 능동적인 사회·경제시스템 절실**

자연계는 에너지 최소화 과정을 통해 안정화 상태인 평형상태를 유지한다. 바라보는 시각에 따라 다양한 해석이 있을 수 있겠지만 물리학에서의 섭동이론(攝動理論, perturbation theory)을 단순히 표현하면 운동에너지와 퍼텐셜(potential)에너지로 구성된 특정 시스템의 평형상태를 정의하는 해밀토니안(hamiltonian)이 외부의 영향으로 작은 변화가 생긴다는 것을 의미한다. 즉 에너지가 안정화되어 있는 시스템이 외부로부터 영향을 받아 상호작용을 함으로써 원래의 평형상태가 미소하게 변한 상태를 뜻한다. 만약, 외부의 자극이 단발성으로 끝난다면 유입된 에너지를 방출하는 안정화 과정을 통해 본래의 평형상태로 돌아가지만 지속적으로 섭동이 작용할 경우 원래의 시스템은 변화된 상태를 유지하게 된다.

가령, 태양과 지구 사이에 존재하는 만유인력으로 지구가 태양 주위를 공전하고 있지만 지구의 운동에 영향을 미치는 다른 행성의 영향으로 아주 근소하지만 원래의 운동 궤적에서 조금은 어긋난다. 하나의 예로, 19세기 중반 천왕성의 궤도를 관측하던 천문학자들은 만유인력 법칙만으로는 설명할 수 없는 불규칙성을 발견하고 천왕성의 운동 궤적에 영향을 준 섭동을 해석함으로써 태양계의 8번째 행성인 해왕성을 발견한 일화는 유명하다.

섭동 현상은 비단 자연계의 물리적 현상을 넘어 우리네 일상생활에서도 쉽게 경험할 수 있다. 자동차가 도로에 설치된 과속방지턱을 넘을 때 가볍게 몸이 들썩이거나 고요한 촛불이 경미한 바람에 요동치고 나뭇잎이 살랑거리는 현상 등은 모두 광의(廣義)의 섭동 현상에 기인한 것이다.

자연생태계에서 쉽게 발견할 수 있는 '진화'라는 자기혁신도 따지고 보면 지속적인 외부의 자극으로부터 장구한 시간을 통해 각 개체가 생존하기 위해 부단히 노력한 섭동의 결과로 이해할 수 있다. 인류 역사의 흥망성쇠를 연구한 역사학자 토인비 는 인류가 성취해온 찬란한 문명은 끊임없는 외부의 도전에 능동적으로 응전한 섭동의 결과물로 해석했다. 결국 우리가 속한 사회조직이나 시스템도 생물학적 진화법칙과 구성원들 간의 복잡한 상호작용에 기반한 섭동 현상에 의해 발전해 왔음을 부인할 수는 없다.

작금은 승자독식의 4차산업혁명시대, 거대한 변화와 마주한 섭동의 시대다. 하루가 멀다고 진화하는 와해적 혁신기술은 기존의 사회, 경제시스템을 빠르게 재편하고 있다. 최근 일본의 수출 규제를 비롯해 미국과 중국의 패권전쟁, 브렉시트 등 전 세계적인 자국우선주의 사조는 안정화 상태에 놓여 있었다고 착각한 우리 경제에 경각심을 불러일으킨 매우 파급력 있는 섭동으로 작용했다.

변화라는 시대정신을 간과한 무사안일주의와 경직된 사회시스템으로 인해 우리 경제가 받은 상처가 깊고 후유증이 크다. 문제는 이러한 쓰나미급 섭동이 단발성으로 끝나는 것이 아니라 지속적으로 우리 경제에 악영향을 미칠 수 있다는 점이다. 더욱이 5G 등 정보통신기술의 발달로 전 세계가 섭동의 그물망으로 초연결되어 있어서 지구촌에서 불어오는 거센 변화의 바람을 이제 더는 '강 건너 불구경'하듯 모른 체할 수는 없다.

지금은 변화가 요청되는 섭동의 시대다. 생존하려면 변화해야 한다. 변화하려면 우리 사회가 섭동에 유연하게 대처하고 변화를 능동적으로 주도할 수 있는 개방된 사회조직 및 경제시스템 구축이 필요하다. 바닷가 해변에서 어렵지 않게 발견할 수 있는 하찮은 조약돌 하나도 장구한 세월에 걸쳐 세찬 파도에 밀려 이리저리 뒤엉켜 부딪히고 깨지는 고된 섭동의 시련을 이겨내지 않은 것이 하나도 없음을 곰곰이 곱씹어 볼 때다.

2020년 01월 31일

# 한국인의 위기대응 DNA

• • •

**코로나19 감염 국가서 대응 모범국으로**

**이타정신으로 재난에 맞서는 국민들**

최근에 중국 우한에서 비롯된 신종 코로나19바이러스 감염증(코로나19) 팬데믹으로 국내는 물론 전 세계가 1930년대 겪었던 '세계대공황'에 버금가는 재난 상황에 직면하고 있다. 실물경제의 급속한 위축과 코로나19 공포에 휩싸인 투자자들이 한꺼번에 '패닉 셀(panic sell)'에 나서면서 세계증시가 폭락을 거듭하고 있으며 실직자들이 급증하고 있다. 특히 미국은 최근 2주 만에 누적 실직자수가 1,000만 명을 넘어섰고, 사회보장 장치가 비교적 탄탄하다고 믿었던 유럽도 무더기로 실직자를 양산하는 등 미국과 유럽의 실직자는 무려 1,600만 명을 넘어섰다.

간과할 수 없는 것은 나락으로 추락하는 세계 경제의 종착역이 어디인지 예측하기 어렵고 세계 경제와 밀접하게 연관된 우리 경제가 언제, 어떤 방식으로, 얼마만큼 치명적인 영향을 받을지 가늠할 수 없다는 점이다. 코로나19가 몰고 올 상상하기 힘든 후폭풍이 그저 두려울 따름이다.

코로나19는 그동안 당연시 여겼던 우리네 평범한 일상을 송두리째 바꿔놓았다. 지역사회 감염차단을 위한 '사회적 거리 두기'로 행사나 모임 참가를 자제하고 있으며 기업은 재택근무를 확대하고 있다. 일부 국가에서는 이동제한 명령을 발동하여 자국민의 이동 제한은 물론 해외 입국자까지 막아서고 있다. 그야말로 온 세계가 코로나19로 일시에 정지된 상태다.

현재와 같은 세계적 재난에 맞서기 위해선 무엇보다도 빠른 진단키트와 백신, 치료제 개발을 서둘러야 한다. 최근에 전 세계가 한국의 코로나19 대응에 주목하고 있다. 한발 앞선 코로나19 진단키트 개발, 혁신적인 '드라이브 스루' 선별진료소 도입, 환자의 이동경로 파악을 통한 과학적인 역학조사로 다른 나라와는 비교할 수 없을 정도로 신속하게 확진자를 검출함은 물론 확진자 수에 대한 꾸밈없는 정부당국의 통계 등 우리의 진정성 있는 노력을 전 세계가 신뢰했기 때문일 것이다.

그도 그럴 것이 우리는 세계 최초로 코로나19 진단키트를 개발했다. 또한 현재 4종의 진단키트가 미국 식품의약국(FDA) 승인을 기다리는 중이며 전 세계 126개국에서 진단키트 공급을 긴급하게 요청하고 있다. 특히 '실시간 중합효소연쇄반응법(RT-PCR)' 진단키트는 세계 최초로 상용화된 제품으로 기존 1~2일 걸리던 진단을 단 6시간 이내에 신속하게 완료할 수 있다. 얼마 전까지 코로나19 오명 국가였던 한국이 졸지에 코로나19 대응 모범국으로 세계의 이목을 끌고 있으니 "인간만사 새옹지마"란 말이 틀림은 없는 것 같다.

한국에 대한 주목과 찬사는 비단 체계적인 선진의료시스템과 기술적 측면에서 보여준 성과뿐만 아니라 재난 극복에 당당히 맞서는 우리 국민의 이타(利他)정신을 전 세계가 인정한 결과로 이해할 수 있다.

분명 우리에겐 다른 나라에선 쉽게 찾아볼 수 없는 우리만의 독특한 위기대응 DNA가 있다. 23년 전 IMF 외환위기 때 온 국민이 앞다투어 '금 모으기'에 동참했듯이 우리네 삶과 정신 속엔 고통 분담의 DNA가 면면히 흐르고 있다. 당장의 위험을 무릅쓰고 자원하여 전국에서 달려온 의료진들, 두터운 방호복 너머 땀과 상처로 얼룩진 그들의 환한 미소에서 우리는 숭고한 이타정신을 발견할 수 있다.

이런 우리를 두고 세계는 "참 이상한 나라"라고 말한다. 그렇다!

우리는 온 세계가 난리법석인 상황임에도 불구하고 여느 나라와는 달리 사재기도 없고 서로를 격려하고 응원하면서 작금의 사태를 현명하게 극복하고 있는 "참 이상한 나라"임은 분명해 보인다. 예기치 못한 바이러스 침공에 눈앞이 깜깜하고 가슴이 멍했지만 언젠가 코로나19가 종식되어 일상으로 복귀했을 때 더 성숙하고 단단해진 우리 자신을 발견하게 될 것이다.

2020년 04월 17일

# 혼돈의 '카오스(Chaos)' 시대

• • •

**무질서해 보이는 우주에도 정교한 질서가 있듯**

**혼란 속에도 나아가는 열쇠는 변화·혁신**

여느 때와는 달리 답답하고 지루한 장마가 최장 50여 일 이상 지속되어 큰 피해를 주고 깊은 상처를 남겼다. 기상청에 따르면 이번 장마철 전국 강수일수는 28.3일로 1973년 전국 기상을 관측한 이래로 가장 많았고 강수량은 역대 2위를 기록했다고 밝혔다. 폭우와 폭염을 반복하면서 가뜩이나 코로나19 팬데믹으로 힘겨운 우리네 삶을 더욱 고단하게 만드는 요즘이다.

미미한 코로나19 바이러스가 세상을 온통 발칵 뒤집어 이렇게나 삶을 팍팍하고 힘들게 만들 줄은 상상조차 하지 못했다. 팬데믹은 종식되기는커녕 세계 곳곳에서 더욱 기승을 부리고 있으며 혹자는 지금까지와는 비교가 되지 않을 정도로 파급력이 막강한 제2의 코로나19 팬데믹을 우려하고 있다.

하루가 멀다고 국내외 안팎에서 들려오는 소식은 온통 우리를 불안하고 무기력하게 만드는 내용으로 도배한 듯하다. 미국과 중국 간의 끝 모를 패권전쟁, 글로벌기업과 금융자본이 홍콩에서 이탈하면서 세계 금융시장의 생태계를 위태롭게 만들고 있는 '헥시트(HK-exit)' 등은 가뜩이나 코로나19 팬데믹으로 얼어붙은 글로벌경제에 찬물을 끼얹고 있다.

특히, 미국과 중국은 코로나19 이슈에 이은 홍콩 사태를 계기로 기술패권 경쟁을 넘어 정치·경제적으로 극한의 대립양상을 보이고 있어 그 불똥이 어디로 튈지 전 세계가 숨죽이고 바라보고 있다. 중국과 미국에 절대적으로 의존하는 우리의 수출경제 구조를 고려할 때 한국경제에 심각한 위기가 아닐 수 없다.

엎친 데 덮친 격으로 빠르게 진화하고 있는 와해적 혁신의 디지털트랜스포메이션(DX), 배타적 자국우선주의 팽배, 보호무역 회귀와 같은 새로운 국제정세는 기존 상호호혜원칙에 입각해 공동의 유익을 추구했던 상생의 시대를 끝내고 승자독식의 배타적 이기주의 시대를 초래했다.

작금을 한마디로 요약하면 모든 것이 혼돈의 상태인 '카오스(Chaos)' 시대로 대변할 수 있다. 카오스의 어원은 그리스어로 '우주가 생성되는 원시적인 단계, 천지의 구별이 없는 무질서한 상태'로 설명할 수 있다.

유년 시절, 필자의 머릿속에 떠오르는 우주의 모습은 방학이 되어 시골에 놀러갔을 때 호롱불로 밝힌 대청마루에서 올려다 본 칠흑 같은 깜깜한 밤하늘의 모습이었다. 영롱하게 반짝이며 당장이라도 땅으로 쏟아져 내릴 것만 같은 헤아릴 수 없는 수많은 별들로 이루어진 아름답고 복잡한 혼돈의 세상으로 표현할 수 있다.

하지만 그 내면을 좀 더 자세히 들여다보면 마치 교향악을 연주하듯 음률의 조화를 이루는 명확한 논리법칙이 존재하며 정연한 질서와 특정 패턴이 내재되어 있음을 알 수 있다. 약 138억 년 전에 발생한 대폭발의 혼돈 상태를 시작으로 우주가 끊임없이 특정 패턴을 가지고 팽창한다는 '빅뱅이론'을 굳이 예시하지 않더라도 밤하늘에 걸려있는 수많은 별들은 무질서한 상태로 보이지만 실상은 어느 별 하나 '만유인력'이라는 중력의 법칙을 거스르지 않고 정교한 우주질서에 순응하며 움직이고 있다.

그렇다면 작금과 같은 혼돈의 시대가 함유하고 있는 유의미한 질서, 규칙은 무엇일까? 복잡다단하겠지만 현 상황을 냉철히 통찰하고 예리한 분석을 통해 우리가 나아가야 할 방향을 개척하는 명견만리의 지혜로 삼아야 한다는 점이다.

분명한 것은 작금의 혼돈 시대가 함유하고 있는 가장 중요한 특정 패턴중 하나는 '변화'라는 명제다. 미국과 중국의 패권전쟁을 예시하지 않더라도 작금의 코로나19 팬데믹은 변화를 요구하고 있으며 4차산업혁명을 주도하는 IT기반의 디지털트랜스포메이션(DX)은 삶의 대전환을 강제하고 있다.

변화는 혁신을 전제로 하고 혁신은 반드시 고통과 인내를 수반한다. 변화를 간과하거나 거부했을 때의 대가(代價)가 혁신이 수반하는 고통과는 비교할 수 없을 정도로 혹독하다는 것은 인류 문명의 역사가 말해주고 있다. 우리의 앞길이 고통스럽고 험난하겠지만 "사막이 아름다운 것은 어딘가에 샘을 숨기고 있기 때문"이란 생텍쥐페리 Antoine de Saint Exupery의 소설 〈어린 왕자〉에 나오는 대사를 곱씹으며 용기를 내어 한발씩 한발씩 앞으로 나아가자.

2020년 08월 28일

# 가지 않은 길

• • •

**실패 두려워 않는 혁신적 연구개발 도전**

**실천하는 자만이 '별의 순간' 만끽 가능**

미국의 시인 로버트 프로스트Robert Frost가 쓴 작품 '가지 않은 길(The Road Not Taken)'은 많은 사람이 애송할 만큼 유명한 시로 필자의 기억으론 학창시절 국어교과서에서 접해본 듯하다. 사실 시의 정확한 내용은 기억나지 않고 어슴푸레하게 의미만 간직한 것 같은데 적지 않은 세월이 흘렀는데도 시의 제목을 또렷하게 기억하는 이유를 달리 설명할 방법이 없다.

"노란 숲속에 두 갈래 길이 있었지(Two roads diverged in a yellow wood)…"로 시작하는 이 시는 가을 숲속을 거닐다 두 갈래 길을 마주했는데 고심 끝에 사람의 흔적이 적은 길을 택했고, 그 이후의 많은 것이 달라졌음을 은유하는 내용이다. 단순히 어떤 길을 걸었다고 회상하는 것이 아닌 인생에서 선택의 중요성, 결코 그 기회는 다시 돌아오지 않는다는 것을 함축하는 시로 이해된다.

필자에게 프로스트의 '가지 않은 길'은 전혀 경험이 없어서 낯설고 두려운, 그래서 선택하기 쉽지 않은 '남들이 좀처럼 가지 않은 길'의 의미로 다가온다. 우리는 살아가면서 중요하든 중요하지 않든 수많은 갈림길을 만나게 되고 어느 길을 택할지 선택의 순간을 맞이한다. 갈림길은 같은 목적지로 귀결될 수도 있지만 보통은 전혀 다른 목적지와 결과를 초래한다.

'남들이 좀처럼 가지 않은 길'은 '고위험(High Risk), 고수익(High Return)'처럼 성공하면 이익이 막대하지만 위험요소가 크고 많아 실패할 확률이 매우 높아 도전적인 기업가정신이 없으면 쉽게 선택할 수 없는 길이다.

우리네 평범한 사람들의 삶의 방식은 대동소이해서 대부분은 사회적 통념에 따라 좀 더 안전한 길, 웬만큼 노력하면 어느 정도 사회적인 성공(?)을 보장받을 수 있는 길을 선택하기 마련이다. 다양한 선택의 갈림길에서 '선택하지 않은 다른 길'에 대한 막연한 동경심과 기회비용도 없지는 않겠지만 한번 선택한 길은 되돌리기 어려우니 어찌되었든 최선을 다해 걸어볼 일이다.

작금에 한국의 대표적인 e-커머스 '쿠팡'이 상식을 뛰어넘은 '남들이 좀처럼 가지 않은 길'을 걸어 세간에 회자되고 있다. 쿠팡은 지난달 11일, 코스피(KOSPI)를 우회하여 미국 뉴욕증권거래소(NYSE)에 전격적으로 상장했다.

상장 첫 날, 종가 기준으로 집계된 쿠팡의 시가총액은 886억 5,000만 달러(약 100조4,000억 원)로 국내 '빅3' 유통업체인 롯데쇼핑, 현대백화점, 신세계·이마트를 포함해 코스피 유통업종 65개 종목의 시가총액(약 73조 원)을 단숨에 훌쩍 넘어 요즘 시쳇말로 '별의 순간'을 움켜잡았다.

쿠팡의 성공은 밤 12시 전에 주문하면 이튿날 배송을 완료하는 혁신적인 '로켓 배송'을 필두로 반품이 쉽고 포장 없는 배송, 고객·직원·판매자의 동반성장이라는 차별화된 유통과 물류혁신을 앞세워 글로벌 시장에 도전했고, 시장과 투자자들이 쿠팡의 혁신 성과를 인정한 결과다. 미래의 쿠팡이 어떤 모습으로 자리매김 할지는 더 두고 볼 일이지만 '남들이 좀처럼 가지 않은 길'을 과감히 선택함으로써 '별의 순간'을 누렸고 국내 e-커머스에 새로운 도전과 활력을 불러일으켰음은 분명해 보인다.

독일어 'Sternstunde(슈테른슈튼데)'에서 유래된 '별의 순간'은 '운명적 시간, 혹은 결정적 순간'에 대한 비유적 표현이다. 국가든 기업이든 우리 모두에게 '별의 순간'은 반드시 찾아온다. 하지만 '별의 순간'임을 직관할 수 있는 예리한 통찰력과 주도면밀한 사전준비, 그리고 "임자, 해봤어?"라며 일침을 놓는 아산峨山 정주영 회장처럼 실패를 무릅쓰고 도전할 수 있는 사람만이 차지할 수 있을 뿐이다. 우리는 과연 '별의 순간'을 맞이할 준비가 되어 있는가? 스스로 자문해볼 일이다.

2021년 04월 30일

## '백신 보릿고개'를 넘는 공옥이석(攻玉以石)

• • •

**노쇼 백신 예약·최소잔여형 주사기**

**작은 아이디어가 위기를 이겨내는 밑거름**

"아야, 뛰지 마라 배 꺼질라. 가슴 시린 보릿고개 길…"로 시작하는 어느 트롯 가수의 구성진 노래 '보릿고개'는 들을 때마다 가슴이 뭉클하고 짠한 그 무엇이 있는 것 같다. 근래에 들어 급격한 경제성장과 더불어 생활 형편이 많이 나아져 실감할 수는 없겠지만 '보릿고개'는 일제강점기 식량수탈과 한국전쟁을 겪은 필자의 부모 세대가 겪어야만 했던 극심한 경제적 빈곤으로, 초근목피로 끼니를 때우거나 걸식과 빚으로 연명했던 매우 어려웠던 시절을 빗대어 하는 말이다.

어언 이순(耳順)을 바라보는 필자도 우리네 부모세대의 궁핍과는 비교할 수는 없겠지만 모든 것을 아끼고 많은 것들을 포기해야 했던 필자 나름의 유년시절 '보릿고개'가 있었다.

작금에 우리나라가 예기치 못한 '백신 디바이드(백신 양극화)'로 때아닌 코로나19 백신 보릿고개를 혹독하게 치르고 있다. G7 선진국을 포함한 일부 국가에서는 충분한 물량 확보로 백신 접종에 속도를 내고 있지만 중·저소득 국가들은 대부분 접종에서 소외되고 있다.

현재 전 세계 코로나19 백신의 75%가 미국을 비롯한 선진 10여 개국에 집중되어 공급되고 있음은 주지의 사실이다. 아이러니하게도 필요 이상의 백신을 확보한 일부 국가에서는 과학적인 보급 방법을 활용하지 않거나 백신 부작용 걱정으로 접종을 기피해 유효기간이 만료되었거나 생산·보관·관리 부실로 엄청난 백신이 제대로 사용되지 못한 채 통째로 폐기되고 있다고 한다. 과유불급이라 했던가? 허탈하고 씁쓸한 마음이 드는 것은 비단 필자만이 아닐 듯싶다.

최근 〈MIT Technology Review〉 보도 자료에 따르면 아프리카에 있는 상당수의 국가가 아직 한 번도 백신 접종을 받지 못하는 등 많은 나라에서 큰 어려움을 겪고 있다고 한다. 백신이 턱없이 부족한 우리나라도 예외는 아니어서 단 한 방울의 백신도 낭비하지 않기 위해 모든 국민이 공옥이석(攻玉以石; 옥을 가는 데 돌로 한다. 하찮은 것으로 훌륭한 결과를 만들어낸다는 뜻)의 지혜를 짜내고 있다.

최근에 필자는 코로나19 백신(아스트라제네카)을 1차 접종했다. 만약의 경우를 대비해서 '노쇼(no-show) 백신'을 예약해 두었는데 나름 성공한 셈이다. 예약한 병원에서 "금일 중 아무 때나 오시면 됩니다."라는 막연한 말을 들었을 때 다소 의아해 했는데 예약 시간이 별도로 정해지지 않은 이유를 병원에 가서야 알게 되었다. 병원에 도착했을 때 서너 사람이 먼저 도착해 있었고 필자도 잠시 대기하라는 관계자의 말을 들었다. 약 반 시간 정도 지나 10여 명 정도 모였을 때, 그때부터 문진표를 작성하고 먼저 도착한 순서부터 한 사람씩 의사와 면담한 후 일사천리로 10명 모두 접종을 완료했다.

아스트라제네카 백신은 1병(바이알)당 10회 용량, 즉 10명분의 백신을 추출할 수 있다. 백신 개봉 후 한꺼번에 10명분 모두를 투여해 낭비되는 백신이 없도록 예약 시간이 정해지지 않았던 셈이다. 그뿐만이 아니다. 기존의 일회용 일반주사기는 사용하고 나서 약 0.058*g*의 백신이 남은 채 폐기되는데, 낭비되는 백신을 다섯 번 모으면 한 사람에게 투여할 수 있는 양이 된다고 한다. 이를 해결하기 위해 국내 중소기업에서 백신의 잔량이 거의 없는 '최소잔여형(LDS; Low Dead Space)' 주사기를 개발해 별거 아닌 것 같은 작은 아이디어가 위기 속에 빛을 발하고 있다. 그야말로 단 한 방울의 백신도 허투루 낭비하지 않기 위해 최선의 노력을 기울이고 있는 셈이다.

흔히들 말하길 "과학은 세간의 이목이 쏠리는 대단한 발명이나 큰 기술"로 생각할 수도 있겠지만 대수롭지 않은 것 같은 공옥이석(攻玉以石)의 작은 아이디어야말로 현재의 위기를 슬기롭게 헤쳐 나갈 수 있는 일상에서 마주할 수 있는 과학임은 분명해 보인다.

2021년 07월 23일

# '코리아 팬덤' 창조로 세계를 이끌 때

• • •

**K-방산과 K-원전의 눈부신 성과, 한줄기 희망의 빛으로**

**창발적 한류문화와 초격차기술 융합으로 '코리아 팬덤' 창조**

새 정부의 과학기술정책 및 방향에 대한 청사진이 제시되었다. 한 나라의 과학기술정책은 그 나라의 경제·사회·문화 등 전 분야에 걸쳐 파급효과가 막대하고 더욱이 지금과 같이 자국우선주의 사조가 팽배하고 와해적 혁신기술이 세상을 지배하는 디지털전환(DX)시대엔 거시적인 안목을 갖고 시행해나가야 한다.

과학기술은 우리가 알든 모르든 이미 일상생활에 깊숙이 관여하고 있으며 실생활에 빠르게 적용되고 있다. 더욱이 디지털전환(DX)이라는 4차산업혁명기술은 이종 간의 기술융합을 통해 하루가 멀다고 급변하고 있으며 세계 일등 기술, 초격차 기술을 확보하지 못한다면 수출로 먹고사는 우리 경제가 생존할 수 없음은 명확하다.

최근에 우리의 경쟁국이라 할 수 있는 미국, 중국, EU, 일본의 과학기술정책 동향을 살펴보면 반도체, 배터리, 바이오 등 전략기술을 국가 핵심전략기술로 지정, 보호하는 정책을 추진하고 있다. 이런 가운데 미국의 인플레이션감축법(IRA), 반도체칩 및 과학법(CHIPS & Science Act) 등으로 수출 비중이 높은 K-반도체 및 K-전기차(배터리)가 직격탄을 맞게 되어 국내 경제의 활로가 험난하다. 설상가상으로 최근 일본은 정부와 기업들이 손을 잡고 '라피더스' 반도체 동맹을 만들어 반도체산업 재도약을 위한 결기를 다지고 있으며 우리의 반도체 경쟁국인 대만(TSMC)도 미국, 일본과 하나로 뭉쳐 반도체 협력을 강화하고 우리를 압박하고 있다. 그야말로 한국은 사면초가의 어려운 형국에 처해 있다.

미국의 제재가 중국을 견제하기 위한 명분이라고는 하지만 단언컨대 한국도 예외는 아닐 것이다. 미국은 우방과 동맹을 넘어 국익을 최우선시하는 나라다. 1980년대 세계를 호령하던 일본의 반도체산업이 미국의 제재에 의해 일거에 몰락한 사례에서 그 해답을 찾을 수 있다.

안미경중(安美經中)의 시대는 저물었고 세계는 각자도생의 길로 접어들었다. 답답한 형국이 지속되는 가운데 최근 우리에게도 한줄기 희망의 빛이 비추기 시작했다. 그동안 묵묵히 핵심기술을 축적해 온 K-방산과 K-원전 분야에서 세계가 깜짝 놀랄 만한 성과를 거두었기 때문이다. 최근의 우크라이나전쟁에서 보듯이 세계 각국은 에너지와 방산 기술이 국가안보에 핵심이라는 교훈을 얻었다. 더욱이 지구온난화 이슈로 EU가 수입 품목에 대한 탄소국경세를 머지않아 시행할 것으로 보이는 가운데 원전이 신재생에너지와 더불어 탄소를 발생시키지 않는 '녹색분류체계'로 지정되어 녹색에너지로서의 원전의 앞날은 탄탄하다.

주목할 점은 팬데믹을 거치고 신냉전시대가 도래하면서 한동안 균형을 유지해온 국제정세가 변화하고 있다는 것이다. 그동안 글로벌경제에서 주도권을 행사한 미국과 중국의 G2 리더십은 지나친 권위주의와 배타적 자국우선주의로 퇴색하고 있다. 일본은 혁신의 부재로 과거의 명성을 되찾기 힘들며 EU 또한 뚜렷한 리더십을 보이지 못하고 있다는 것이다.

반면에 한국은 팬데믹을 거치면서 다른 나라에선 흔치않은 이타정신으로 한국에 대한 존경심과 긍정적인 이미지가 형성되고 있다. 한국이 초격차 첨단기술력과 우수한 가성비를 토대로 K-방산과 SMR 등 K-원전의 성과를 상호호혜의 원칙 하에 동유럽 및 중동, 아세안 등 제3세계로 확산하고 한국인 특유의 근면성과 창발적인 한류(韓流)문화를 융합해 '코리아 팬덤'을 창조한다면 한국이 이들 나라의 시장을 주도하게 될 것이다. 이런 성과는 이후 자연스레 K-반도체, K-배터리 시장으로 확대할 수 있을 것으로 보인다. 이렇게 된다면 작금의 중국 및 미국시장 일변도의 경직된 수출구조에서 겪고 있는 근원적인 문제를 어느 정도는 극복해 나갈 수 있는 활로가 열리는 것이다.

"위기는 곧 기회다."라는 말이 있다. 한국이 리더십을 갖추는 데 시간이 걸리겠지만 위기 대응 역량에 따라 전화위복의 기회로 삼을 수 있으니 우리 모두가 혼연일체가 되어 난국을 헤쳐 나갈 명견만리의 혜안을 마련해 보자.

2023년 1월 5일

# III. 새로운 시대를 이끌 진화 코드

미래사회를 그려 보다

새롭게 이끌 미래기술 방향성은?

**유년시절 공상만화 요즘 과학·기술과 유사**

**융합에 의한 기술혁명, 선택 아닌 필수**

필자는 70년대에 서울에서 초등학교 유년 시절을 보냈다. 유난히 만화책 읽기를 좋아했던 필자는 학교에서 돌아오면 곧바로 동네에 있는 작은 만홧가게로 달려갔다. 특히, 겨울철에는 내 또래의 아이들이 만홧가게로 모여들었는데 아마도 연탄난로의 따뜻한 열기와 오래된 만화책의 정겨운 냄새, 그리고 밀폐된 자그마한 공간이 제공하는 특유의 아늑함 때문이었으리라.

필자는 주로 공상과학(SF) 만화를 즐겨 읽었다. 그 시절에 읽었던 만화의 내용을 기억하기란 쉽지 않지만 기억 속에 남아있는 만화 속 장면이 있다. 빽빽하게 들어선 화려한 고층건물 사이로 상하좌우

일정 간격을 유지하며 충돌 없이 자유롭게 무리지어 날아다니는 작은 비행체들, 요즘 화두가 되고 있는 자율주행 '드론' 혹은 '도심항공 모빌리티(UAM)'로 간주해도 무방할 듯하다.

또한 지금은 상상하기 어렵겠지만 필자의 유년시절엔 (흑백)TV가 매우 귀해 동네의 한두 집에서만 볼 수 있을 정도여서 재미있는 애니메이션 만화가 방영되는 날에는 동네아이들 모두가 그 집으로 달려갔다. 그 시절에 꽤나 유행했던 애니메이션으로 〈우주소년 아톰〉과 〈마징가Z〉가 있었는데 모두 권선징악의 결말로 끝났지만 주인공 로봇이 악당로봇을 무찌르는 데 사용한 기술이 오늘날 연구되고 있는 기술들을 예견한 것 같아 놀라지 않을 수 없다.

필자의 기억을 더듬어 보면 〈우주소년 아톰〉의 경우 십만 마력의 엄청난 파워 및 슈퍼컴퓨터로 이루어진 전자두뇌를 사용했고 〈마징가Z〉의 경우 가슴의 V자형 장치에서 발생하는 강력한 빛(요즘 기술로 설명하면 초강력 레이저빔)과 로켓주먹으로 악당로봇을 무찔렀다.

더욱 놀라운 것은 〈마징가Z〉가 악당을 물리칠 때 흘러나오는 응원가 중에 "인조인간 로보트 마징가 Z"이란 가사가 있다. '인조인간 로봇'은 말 그대로 인간은 아니지만 인간과 유사한 지능을 보유한 로봇으로 생각할 수 있어서 최근에 데이비드 핸슨David Hanson 박사에 의해 개발되어 세간의 화제를 모았던 인공지능 로봇 '소피아(Sophia)'를 연

상케 한다.

'소피아'는 아직 개발 초기 단계지만 인간의 모습과 매우 흡사하고 인간의 감정 가운데 62가지를 표현할 수 있으며 실시간으로 인간과의 대화가 가능하여 UN 행사에도 참여했다. 현대 과학기술의 발전 속도로 미루어 볼 때 인간과 거의 대등한 '인조인간(인공지능)'이 머지않은 미래에 탄생할 수 있지 않을까 조심스럽게 짐작해 본다.

유년시절에 보았던 공상과학만화와 애니메이션의 배경무대는 과학기술이 고도로 발달된, 인간과 로봇이 함께 공존하는 21세기 미래사회였다. 그 시절 공상과학에서 표현했던 기술을 곱씹어 보면 요즘 세간의 화두가 된 '4차산업혁명' 트렌드인 드론, 자율주행, 로봇, 인공지능 등 다양한 기술을 간접적으로 표현하고 있어서 인간의 무한한 상상력이 현실화되고 있음이 놀라울 따름이다.

2016년 다보스 포럼에서 클라우스 슈밥Klaus Schwab은 앞으로 다가올 미래사회를 '4차산업혁명' 시대로 주창하였다. '4차산업혁명'의 일반적 개념은 인공지능, 빅데이터, 로봇과 클라우드 컴퓨팅, 사물인터넷 기술 등에 기반한 가상물리시스템(Cyber Physical System)에 나노(NT) 및 바이오(BT) 등의 기술이 융합되어 정보통신기술(ICT)로 초연결된 혁신적이며 와해적인 기술시대로 설명된다.

선형적 발전 특성을 보이는 기존 기술은 어느 정도 예측이 가능했지만 4차산업혁명시대의 융합기술은 수명 주기가 매우 짧고, 융합에 의한 급격한 진화로 비선형적 특성을 보여 기술예측이 어렵고 기술 격차를 해소하기가 녹록지 않다.

더욱이 와해적이며 혁신적인 기술의 특성을 감안할 때 승자독식의 경제구조가 한층 더 강화되어 사회·경제·문화 전반에 미치는 충격이 매우 클 것으로 예상된다. 따라서 이전의 산업혁명에서는 전혀 경험하지 못했던 카오스(Chaos)의 시대로 전개될 것으로 보여 수출에 의존하는 우리로서는 4차산업혁명시대 준비가 선택이 아닌 필수적인 현안이다. 그러나 선진국의 모델을 단순 모방하는 것이 아닌 한국의 실정에 적합한 '한국형 4차산업혁명' 가이드라인이 도출되어야 하겠다.

2017년 11월 23일

**자율주행·인공지능·사물인터넷에 필수**

**잠재력 최대로 끌어올리는 지혜 필요한 시점**

작금은 5G 초고속이동통신의 시대다. 5G는 4차산업혁명의 젖줄로서 인공지능을 비롯한 사물인터넷, 로봇, 자율주행 등에 기반한 가상 물리시스템을 하나로 묶어 전 세계를 초연결된 혁신사회로 이끄는 차세대 정보통신기술(ICT)이다. 필자는 4차산업혁명시대 성공의 열쇠는 얼마나 많은 양의 정보를, 얼마나 빨리 전송하고 공유할 수 있는가에 달려 있으며, 정보 곧 데이터가 4차산업혁명시대를 선도하는 혁신성장의 연료라 생각한다.

가령, 사회간접자본인 도로망 시설은 지역의 균형발전 및 국가경제 전반에 미치는 영향이 매우 크다. 2015년 현재, 관련 자료에 따르면 철도를 제외한 우리나라 전역에 그물망 형태로 연결되어 있는 도로의 총 길이는 지구 둘레의 2.5배인 10만7,500*km*로 하루 평균 약 3만7,000*TEU*(1*TEU*는 20피트 컨테이너 1개) 분량의 물류를 처리하며 산업 발전을 견인하고 있다.

정보를 공유하고 생존하기 위한 네트워크는 자연계의 식물에도 존재한다. 환경학자인 수잔 시마드Suzanne Simard를 비롯한 많은 학자들은 나무를 포함한 식물들도 복잡한 통신망을 통해 생존에 필요한 정보를 공유한다고 주장한다. 즉, 식물들은 땅속 뿌리에 고착되어 있는 곰팡이 균류와 공생관계를 유지하고 있으며 균류의 균사체에 의해 연결된 방대한 땅속 통신망을 통해 유용한 정보를 공유한다는 것이다. 가령, 동물이나 해충들에게 공격받으면 공기 중에 화학물질을 방출하거나 혹은 땅속 지하에 형성된 방대한 균사체 통신망을 통해 주변의 다른 식물들에게 위험에 대한 경고신호를 보낸다고 한다.

문득, 필자의 머릿속에 한 편의 공상과학영화 〈아바타〉가 떠오른다. 영화의 배경인 '판도라' 행성에는 영혼의 나무로 상징된 '에이와' 나무가 있는데 행성 전체의 식물과 네트워크화 되어 정보를 공유하는 장면이다. 이렇듯 자연계의 식물들도 땅속의 매개체와 공기를 이용해 마치 인류가 활용하고 있는 현대기술과 유사한 유·무선 통신망을 구축하여 정보를 공유한다는 사실이 사뭇 놀라울 따름이다.

경제협력개발기구(OECD)보고서 〈디지털 경제전망(Digital Economy Outlook) 2017〉 한국판에 따르면 한국은 정보통신기술 부가가치 및 고용비율, ICT 연구개발비 비중, 특허비율, 인터넷 평균속도 등에서 OECD 회원국가 중 1위로 발표되었다. 즉, 한국경제에서 정보통신기술은 경제성장의 중심축이자, 혁신성장과 수출의 핵심동력으로 초고속인터넷 등 ICT 기반이 잘 구축된 것으로 분석되었다.

더욱이 정부는 2018년 평창 동계올림픽에서 차세대 5G 이동통신 시범서비스를 통해 세계 최초로 5G 이동통신의 조기상용화 토대를 구축하고 세계표준 및 시장을 선점할 전략을 마련 중이다. 정보통신기술이 4차산업혁명의 젖줄로서 성공을 가늠하는 핵심적인 기반기술인 점을 감안할 때 매우 고무적인 일이 아닐 수 없다.

5G는 롱텀에볼류션(LTE) 4G 통신망에 비해 무려 20배 빠른 전송속도와 10배 빠른 응답지연성을 갖춘 초고속통신망으로 데이터 용량이 700*Mb*~1.5*Gb*인 영화 한 편을 단 1초 안에 전송받을 수 있다. 또한 시속 100*km*로 이동하는 자율주행차가 장애물을 인식하고 급제동할 때, 최소지연시간이 0.001초에 불과해 2.8*cm*만 더 이동하고 정지할 수 있어서 운전자와 차량을 안전하게 보호할 수 있다. 따라서 많은 양의 데이터를 실시간적으로 공유하고 처리해야 하는 자율주행과 인공지능, 사물인터넷 등 4차산업혁명 전 분야에 5G가 필연적으로 접목될 것은 자명해 보인다.

필자는 한국의 4차산업혁명 강점은 초고속정보통신기술에 있다고 본다. 5G 이동통신기술 선도 및 확고한 기반확충을 통해 4차산업혁명에 따른 혁신적 변화의 이점과 잠재력을 최대한 끌어올리는 지혜가 필요한 시점이다. 미래학자인 제러미 리프킨Jeremy Rifkin은 한국의 많은 강점에도 불구하고 한국사회가 디지털 인프라구축에 성공하지 못한다면 20년 안에 2류 국가로 전락할 수 있다고 역설한 말을 냉철히 곱씹어 볼 일이다.

2018년 02월 02일

# 자율주행차와 공유경제

• • •

**스마트시티(Smart City) 완성 땐 자동차 소유 불필요**

**미래사회, 소유에서 공유 중심으로 전환될 것**

올해 1월, 미국 라스베이거스에서 성공적으로 개최된 '국제전자제품박람회(CES 2018)'에서는 '스마트시티의 미래'를 주제로 인공지능 및 로봇, 자율주행기술이 큰 반향을 일으켰으며 특히 인공지능이 내재된 자율주행차 기술이 가파르게 성장할 것으로 전망했다.

인지과학을 통한 인공지능의 발전추세를 간략히 살펴보면, 인공지능 1세대라 할 수 있는 IBM사의 슈퍼컴퓨터 '딥블루(1989-1996년)'는 당대 체스게임 세계 챔피언인 가리 카스파로프Garry Kasparov와의 시간 제한 정식 대국에서 승리한 최초의 인공지능이다. 2세대 인공지능인 IBM사의 '왓슨(2005-2011년)'은 미국 TV방송 퀴즈쇼 프로그램인 '제퍼디쇼'에 출연하여 승리했으며 3세대 인공지능인 '알파고(2014-2016년)'는 '구글딥마인드'가 개발한 머신러닝기술을 이용한 인공지능 바둑프로그램으로 천재 바둑기사인 이세돌과의 대결에서 승리했다.

이렇듯 인공지능의 발전 속도가 매우 가파르게 전개되어 몇몇 특정 분야에서는 이미 인간의 능력을 넘어선 듯하다. 아마도 4세대 인공지능기술은 자율주행차에 접목될 것으로 보인다. 미국자동차기술학회(SAE)는 자율주행기술의 발전단계를 5단계로 분류하고 있다. 1단계는 운전보조, 2단계는 부분자동화, 3단계는 조건자동화 단계로 자동차가 보조운전자의 역할을 수행하며, 4단계는 고자동화, 5단계는 운전자 없이 무인운행이 가능한 완전자동화 단계로 발전할 것으로 전망했다.

특히, 인공지능기술이 내재된 자율주행차는 주행 중인 차량 주변의 모든 사물에 대한 정보(빅데이터)를 정보통신기술(ICT)과 융합하여 실시간적으로 처리해야 하기 때문에 사물인터넷과 접속이 가능한 '커넥티드 카(connected car)' 개념을 갖고 있다.

미국 버지니아대학의 첸Donna Chen박사는 사물인터넷 및 빅데이터, 스마트폰, 자율주행 기술의 발전이 교통 분야에서 새로운 공유경제 비즈니스 모델인 '공유·자율주행·전기차(Shared Autonomous Electric

Vehicles; SAEVs)'로 발전할 것으로 전망했다. 즉, 자율주행차는 '우버(Uber)'와 '그랩(Grab)' 같은 자동차 공유경제플랫폼과 필연적으로 만날 것으로 예측했다.

'공유경제'란 용어는 2008년 하버드 법대 로런스 레식Lawrence Lessig 교수에 의해 처음 도입된 용어로 '물품은 물론 생산설비나 서비스 등을 개인이 소유할 필요 없이 필요한 만큼 빌려 쓰는 공유소비에 기반한 경제방식'을 의미하며 숙박시설을 공유하는 에어비앤비(Airbnb), 사무실을 공유하는 위워(wework) 등의 플랫폼이 공유경제 비즈니스 모델에 해당된다.

필자는 4차산업혁명기술이 이끄는 혁신사회는 초고속 정보통신기술(ICT)의 토대위에 다양한 공유경제 비즈니스플랫폼을 수용하고 확산시키는 '스마트시티'로 진화해 나갈 것으로 생각한다. 다양한 이유가 있겠지만 자동차를 소유하는 주된 목적은, 필요한 때 아무런 제약 없이 사용하기 위함이다. 자율주행기술의 완성으로 운전자가 필요 없게 되고 자동차공유경제 플랫폼이 현실화되어 우리가 원하는 시간에 지체 없이 이용할 수 있다면 과연 그때에도 자동차를 소유할 필요성이 있을지는 곱씹어 볼 일이다.

상상하건데 인공지능 기반의 자율주행차는 자동차 스스로가 목적지까지의 도로 사정과 거리를 완벽히 파악하여 최적의 경로를 선택하고, 주변의 다른 자율주행차와 실시간으로 사전 정보공유를 통해 미리 정체 구간을 피할 수 있을 것으로 보인다(사실, 자율주행기술이 완전히 확립되면 '정체'라는 개념도 없어지겠지만).

자율주행차가 사회 전반에 미치는 가장 큰 영향은 경제 구도가 소유 중심에서 공유 중심으로 전환된다는 것이다. 단순히 자동차 운전의 주체가 사람에서 인공지능으로 바뀌는 문제가 아니라 우리 사회의 제도와 문화 전반의 구도를 바꾸는 혁신시대의 이정표가 될 것이란 점이다.

인간과 로봇이 공존하는 2035년, 미래사회를 배경으로 제작된 영화 〈아이로봇〉에서 목적지만 말하면 모든 상황과 기능을 스스로 제어하여 완전하게 자동 운행하는 자율주행차가 필자의 머릿속에 어렴풋이 떠오른다.

2018년 03월 16일

# 블록체인기술과 가상(암호)화폐

• • •

**암호 화폐 양면성 인식 따라 큰 시각차**

**4차산업혁명 주도… 장기적인 활성화 정책 마련 필요**

지난해 광풍(狂風)을 일으켰던 가상(암호)화폐 '비트코인(BTC)'에 대한 열기가 여전히 뜨겁다. 비트코인은 사토시 나카모토Satoshi Nakamoto가 개발한 블록체인기술에 근거한 가상(암호)화폐로 2009년에 세간에 처음으로 등장했다. 비트코인은 탈(脫)중앙화, 분산형 공개장부인 블록체인기술로 운영되며 금융기관의 중개 없이 개인 간(Peer-to-Peer; P2P) 신속하고 안전한 거래가 가능하며 발행량이 한정된 것이 특징이다.

블록체인은 거래 정보를 기록한 원장을 네트워크상의 모든 구성원이 각자 분산 보관하고 새로운 거래가 발생할 때 암호 방식으로 장부를 똑같이 갱신하여 익명성과 무결성, 보안성을 담보하는 디지털 공공장부 혹은 분산원장으로 이해할 수 있다.

가령, 블록체인방식으로 송금할 경우 첫째, 거래를 기록한 장부가 생성되고 둘째, 이 장부를 네트워크상 모든 참여자에게 전송하며 셋째, 참여자들이 거래정보의 유효성을 상호 검토하고 검증하여 기존 블록체인에 추가하면 송금이 완료되는 방식이다.

이처럼 신뢰성을 담보하는 중앙기관 없이도 블록체인의 작업 증명(Proof of Work) 방식과 분산장부기술로 이중지불방지 등, 장부의 무결성을 유지하여 안전하고 투명한 개인 간 직접 금융거래를 실현할 수 있는 기술이다.

특히, 세 번째 작업증명 과정은 특정 시간 동안 네트워크상에서 발생한 모든 거래 내역에 대한 데이터의 오류 무결성을 검증하고 신규 블록으로 만들어 기존 블록과 연결하는 작업을 통해 비트코인을 획득하기 때문에 시쳇말로 '채굴(mining)'이란 용어로 표현된다. 특히, 채굴과정은 고난도 암호 기술과 수학 연산이 필요한 만큼 고성능의 컴퓨터가 필요하다. 작업증명이 완료되어 이전 블록과 연결된 거래 내역은 거래 당사자가 누구인지는 알 수 없지만 네트워크 참여자 모두에게 거래에 대한 상세 내역이 공유되어 투명한 거래가 담보된다.

작업증명과정을 통해 획득한 비트코인은 중앙은행에서 발행하는 화폐와는 달리 블록체인의 독특한 알고리즘에 의해 발행되며 2018년 현재 한 개의 블록(10분간의 거래 내역)에 대한 검증 작업의 보상으로 12.5개의 비트코인이 채굴된다.

현재 활발하게 거래되는 블록체인 기반의 가상화폐는 약 20여 종으로, 지급결재수단으로 사용되는 비트코인(BTC), 지급결제를 포함한 스마트계약에 기반한 이더리움(Ethereum), 금융기관 간 실시간 자금이체 서비스를 구현하여 기존 국제은행간 통신협회(SWIFT)를 통한 시스템의 불편함을 혁신한 리플(Ripple) 등을 예로 들 수 있다.

탈(脫)중앙화 및 분산저장 등 혁신적인 블록체인기술의 응용 분야는 무궁무진하다. 작금에 우리 사회가 당면하고 있는 개인정보 유출 등 허술한 보안 시스템의 혁신을 위해선 해킹 및 데이터의 위·변조가 원천적으로 불가한 블록체인기술의 활성화가 필요하다. 그뿐만이 아니다. 거래의 신속성 및 투명성으로 인해 JP모건과 같은 굴지의 글로벌 금융회사는 물론 월마트(Walmart), 머스크(Maersk)같은 세계 최대 물류 유통사들이 앞 다퉈 블록체인 상용화에 나서고 있다.

그러나 이와 같은 혁신성에도 불구하고 블록체인의 익명성으로 인한 탈세 등 불법거래의 어두운 면은 여전히 사회적 이슈로 떠오르고 있다. 더욱이, 일확천금을 꿈꾸며 광풍에 가까운 비현실적인 가상

화폐 투기풍조는 사라져야 한다.

가상(암호)화폐의 양면성을 어떻게 인식하느냐에 따라 큰 시각 차이가 있겠지만 우리나라의 경우 전 세계 가상화폐 거래량의 21%를 차지하고 있으며 빅데이터, 클라우드컴퓨팅기술 등과 함께 블록체인이 4차산업혁명시대를 주도할 혁신적 기술 중 하나임을 감안할 때 관련 법제도 및 인프라 구축, 핵심인력 양성 등 국가 차원의 정책 및 발전 방향을 제시할 때다.

세상의 관심과 이목이 온통 블록체인에 집중되고 있는 현 시점에서 미래학자 돈 탭스콧Don Tapscott은 〈블록체인 혁명〉에서 미래디지털혁명의 선구자로 블록체인을 역설했음을 곱씹어 볼 일이다.

2018년 04월 20일

# 미래의 도시, 스마트시티

• • •

**4차산업혁명 기술융합 지속 가능한 사회**

**인간중심 보편적 행복추구 잊지 말아야**

앞으로 다가올 미래사회는 4차산업혁명을 기반으로 사물과 인간, 사물과 사물, 인간과 인간이 상호 연계되는 초연결 혁신이 일어날 것으로 보이며, 모든 기술과 산업의 융복합화를 통해 혁신적이며 지속가능한 스마트시티로 전환될 것 같다.

'스마트(smart)'의 개념은 기존 '유비쿼터스(ubiquitous)' 개념과 유사하면서도 명확한 차이점이 있다. 라틴어인 유비쿼터스가 '언제 어디서나 존재'한다는 '유비쿼터스 컴퓨팅'의 줄임말로 온라인 네트워크상에 있으면서 언제 어디서나 서비스를 제공받는 환경 혹은 공간을 의미한다면 '스마트'의 개념은 인공지능(AI) 등 기계학습 및 딥

러닝에 기반한 사고 과정을 통해 서비스를 제공받는 환경 혹은 공간으로 이해할 수 있다.

단순히 존재하는 정보를 제공하는 유비쿼터스사회보다 사고 과정을 통해 데이터(정보)를 분석, 가공하여 더욱 가치 있는 양질의 서비스를 제공하는 사회가 스마트시티가 아닌가 싶다.

현재, 미래도시에 대한 주도권 확보를 위해 전 세계적으로 국가 차원의 스마트시티 구축에 박차를 가하고 있다. 바라보는 시각에 따라서 스마트시티에 대한 다양한 정의와 해석이 있을 수 있으나 필자는 스마트시티의 지향요소인 자율주행을 포함한 스마트모빌리티, 건축물의 에너지자립화를 포함한 스마트에너지, 건강과 고도의 삶의 질을 추구하는 스마트웰니스, 지능화사회 및 청정한 생활환경, 공공안전 및 보안, 초연결성 등의 핵심요소들이 촉진자 역할을 담당하는 5G 정보통신기술(ICT)로 초연결된 혁신성장에 기반한 지속가능한 도시로 생각하고 있다.

결국 스마트시티는 고도의 삶의 질과 생활 환경을 지속적으로 유지하고 핵심가치 서비스를 제공할 수 있는 사회로 이해할 수 있다. 가령, 사회문제를 해결하는 '리빙랩(living lab)'처럼 다양한 사회적 이슈 및 니즈를 발생하고 이를 해결하기 위한 방대한 양의 데이터를 실시간적으로 분석, 처리하여 최적의 서비스를 제공하는 플랫폼사회로

4차산업혁명의 핵심기술인 인공지능, 빅데이터 및 클라우드, 사물인터넷, 블록체인 및 자율주행, 5G에 기반한 정보통신기술이 종합적으로 어우러진 사회라 할 수 있겠다.

4차산업혁명기술들의 궁극적인 종착역이 어디인지 현재로선 가늠할 수 없지만 이들 기술들이 융합, 연결되어 지나가야 할 길목에 반드시 스마트시티가 자리 잡고 있음은 분명해 보인다.

최근, 정부 및 민간단체에서 스마트시티에 대한 논의가 뜨겁다. 정부는 스마트시티 국가시범도시로 세종 5-1생활권과 부산에코델타시티(EDC)를 선정하고 2021년까지 입주를 목적으로 종합계획 수립 및 추진을 위한 범정부 컨트롤타워를 구축하는 등 관련 민간기관과의 협력을 강화하고 있다.

정부가 계획하고 있는 스마트시티는 기존 도시가 안고 있는 여러 가지 문제점들을 해결하여 삶의 질을 고도화하고 혁신성장을 통한 지속가능한 인간중심의 도시로 이해할 수 있다. 현재 미국, 영국을 비롯하여 EU, 일본 등에서 주도권 확보를 위해 국가 차원의 스마트시티 구축이 활발하게 추진되고 있는 추세를 감안할 때 국내 실정에 적합한 대표적인 스마트시티 구축을 위한 청사진을 제시한 것은 시의적절한 일이 아닐 수 없다.

과학기술은 인간을 존중하고 인간의 삶의 질을 고도화하는 방향으로 발전해야 한다. 전 세계 이목이 집중된 미래의 스마트시티가 지향하는 궁극적 목적이 무엇이든 간에 인류의 보편적 행복을 추구하는 '인류의' '인류에 의한' '인류를 위한' 인간 중심의 스마트시티가 되어야 함은 분명해 보인다.

2018년 05월 25일

# 노벨(Nobel)상의 계절

• • •

**국제적 위상·국력 상징 담은 노벨상**

**기초과학 발전 위해 중장기 노력 필요**

해마다 10월이 되면 올해의 노벨상 수상자에 대한 높은 관심으로 나라 전체가 홍역을 앓는다. 그도 그럴 것이 이웃나라인 일본은 비구미(歐美)제국 중에서 가장 많은 27명(이중 3명은 수상 시점에서 외국 국적 취득)의 수상자를 배출했다. 특히 21세기 이후에는 물리학(11명), 화학(7명) 등 다른 학문의 발전에 지대하게 영향을 끼치는 자연과학 분야에서도 미국에 이어 세계 2위의 노벨상 수상자를 배출했다. 올해에도 교토대학의 명예교수인 혼조 다스쿠本庶佑 교수가 노벨생리의학상을 공동으로 수상하는 영예를 안았다.

우리나라도 노벨평화상을 수상하기는 했지만 자연과학 등 타 학문 분야에서의 노벨상 수상자는 아직 없다. 노벨위원회는 지난 10월 1일 생리의학상을 시작으로 2일 물리학상, 3일 화학상, 5일 평화상, 8일 경제학상 수상자를 선정했다. 노벨상 수상자에게는 메달 및 증서와 함께 900만 스웨덴 크로네(약 11억3,000만 원)의 상금이 수여되어 수상자 개인은 물론 수상자를 배출한 국가도 큰 영예를 안게 된다.

물리학을 전공한 필자도 해마다 발표되는 노벨물리학상 수상자에 관심이 많았는데 올해에는 레이저물리학 분야에서 혁명적 연구 성과를 창출한 미국의 아서 애슈킨Arthur Ashkin과 프랑스의 제라드 무루Gerard Mourou, 캐나다의 도나 스트릭랜드Donna Strickland 등 3명의 연구자가 공동 수상자로 선정되었다.

노벨위원회에 따르면 이들 연구자의 발명이 "레이저물리학 분야에 대변혁을 가져왔으며 첨단정밀 기기들이 탐험하지 못한 미개척 연구 분야와 산업 및 의학 분야 응용에 새로운 지평을 열었다."고 선정 이유를 밝혔다. 이처럼 세계 각국에서 노벨상 수상자에 초미의 관심을 보이는 것은 노벨상이 미국이나 영국, 일본 등 우리가 잘 알고 있는 과학·기술 및 경제·문화 선진국들이 주로 수상하였고 또한 국제적 위상이나 국력과도 무관하지 않다는 상징성 때문일 것이다. 특히 자연과학 분야에서 노벨상 수상자를 배출한 국가들의 면면을 살펴보면 우리보다 훨씬 앞서 과학기술 근대화를 이룩하고 장기간 지속적으로 기초과학 분야에 투자해 왔다.

또한 누가 뭐라 하든 한 분야의 연구에 지속적으로 몰입하여 난제를 해결하는 장인정신이 존중되고 이러한 문화를 계승, 발전시키는 사회적 제도와 공감대가 사회 전반에 확산되어 있음을 알 수 있다. 즉, 단기 성과 보다는 중장기 성과 창출에 집중했으며 실패를 용인함으로써 연구 과정에서 체득한 실패의 경험 및 노하우 등 지식이 축적되었고 다양한 분야에서 축적된 지식들이 통합, 융합되면서 엄청난 과학기술의 진보를 이룩했다는 점을 인식할 필요가 있다.

기초과학의 굳건한 터전 없이는 자연과학 분야에서의 노벨상은 요원하다. 기초과학의 굳건한 터전은 단기간에 만들어지는 것이 아니기 때문이다. 오랜 기간 지속적인 투자와 인내를 필요로 하며 실패가 용인되는 환경에서 연구자들의 무수한 땀과 실패의 경험, 과감한 도전정신을 통한 지식의 축적에 의해 구축될 수 있다.

우리의 경우 체계적인 현대식 연구를 시작한 역사가 매우 짧아 선진국과는 비교할 수 없는 수준이다. 노벨상의 염원은 바란다고 되는 것이 아니다. 무릇 모든 일에는 때가 있다. 1904년 노벨 생리의학상 수상자인 러시아의 이반 파블로프Ivan P. Pavlov가 말한 "과학의 진리는 빗발치는 비난의 목소리와 함께 자신의 길을 개척해 왔으며 발견은 실험의 실패에서 시작된다."라는 고언을 냉철히 곱씹어 볼 때다.

2018년 11월 09일

# 누리호, 하늘을 날다

• • •

**국내 독자 기술로 개발한 시험발사체 성공**

**우주 주권국 향한 작지만 큰 걸음 평가**

필자의 유년 시절인 70년대 초반만 하더라도 시골에는 전기가 충분히 보급되지 않아서 해질녘 무렵 땅거미가 지고 어둑한 밤이 찾아오면 동네 가옥마다 호롱불을 밝혔던 기억이 필자의 머릿속에 어렴풋이 떠오른다.

놀기를 좋아했던 필자는 방학만 되면 곧바로 시골로 달려갔다. 시골에서의 생활이 특별히 도시보다 더 편리했던 것은 아니었지만 무언가 필자를 시골로 끌어당기는 동인(動因)이 있었음은 분명했다.

돌이켜 곰곰이 생각해보면 아마도 칠흑 같은 밤을 밝혀주는 온

화한 호롱불의 은은한 빛이 빚어낸 아늑함과 당장이라도 땅으로 쏟아져 내릴 것만 같은 헤아릴 수 없는 수많은 밤하늘의 영롱한 별들, 그리고 이따금씩 긴 꼬리를 달고 삽시간에 시야에서 사라지는 별똥별 때문이었으리라. 특히 밤하늘을 가로지르며 강물처럼 흐르는 미리내(은하수)는 형언할 수 없는 감동 그 자체였다. 비록 오늘날에는 선진국들의 탐험과 개척의 각축장이 된 지 오래지만 유년시절의 필자에게 밤하늘의 우주는 동경의 대상 그 자체였다.

지난달 27일, 미국항공우주국(NASA)은 화성 탐사선인 '인사이트(InSight)'호가 화성 착륙에 성공했다고 발표했다. '인사이트'호는 206일간 약 4억8,000만*km*를 날아가 화성의 적도 근처인 '엘리시움' 평원에 안전하게 착륙하여 역사상 8번째 화성 착륙에 성공하는 쾌거를 이룩했다.

이전의 화성 탐사선들, 가령 '큐리오시티(Curiosity)' 등이 화성의 생명체 존재 가능성을 탐색하거나 지표면 탐사에 주력했다면 이번 '인사이트'호는 화성 지표면을 5*m* 가량 뚫고 들어가 지질과 내부온도 등을 탐지하고 지진파 계측을 통해 화성 내부의 구조를 연구하는 데 초점을 두고 있다. NASA는 '인사이트'호의 화성 탐사를 통해 지구가 앞으로 어떤 모습으로 변모해 갈 지를 추정하고 인류가 실제로 화성에서 생존할 수 있을지에 대한 단서를 확보할 수 있을 것으로 보고 있다.

우주과학 후발주자인 우리로서는 '인사이트'호의 성공을 바라보면서 "우리는 언제?"라는 아쉬움과 부러움이 마음 한편에 자리하고 있었음은 비단 필자만의 생각은 아닐 듯싶다. 그런데 우주강국의 희망을 품을 수 있는 가슴 뭉클한 희소식이 우리에게도 전해졌다. '인사이트'호가 화성 착륙에 성공한 바로 다음날, 국내 독자기술로 개발 중인 한국형 발사체(KSLV-Ⅱ, Korea Space Launch Vehicle) '누리호'의 75톤급 시험발사체가 나로우주센터에서 발사되어 엔진비행시험에 성공했다.

정부는 2021년을 목표로 인공위성을 싣고 지상으로부터 약 600~800*km*를 비행할 수 있는 3단 우주로켓인 '누리호'를 개발하고 있는데 이날 발사에 성공함으로써 핵심엔진인 2단부 75톤급 액체엔진의 성능을 성공적으로 검증한 셈이다. (참고로 2022년 6월 21일, 순수 국산기술로 제작된 한국형 발사체 '누리호'[KSLV-Ⅱ]가 발사에 성공했으며 동년 8월 5일 우리나라 최초의 달 탐사선인 '다누리'도 발사에 성공, 달 궤도에 안착해 정상적인 임무를 수행하는 등 우리나라는 글로벌 7대 우주 강국으로 우뚝 섰다.) 선진국이 극도로 기술 공유를 꺼리는 우주발사체의 핵심 엔진을 국내 최초 독자기술로 개발하고 발사에 성공했다는 점에서 시사하는 바가 적지 않다. 우리 모두가 축하하고 기뻐할 일임은 분명해 보인다.

그러나 이번 성공에 도취되어 자만에 빠지는 우(愚)를 범해서는 안 될 것이다. 우리는 단지 우주강국으로 나아가기 위한 첫발을 떼었을 뿐이며 우주강국으로 나아가는 길은 험난하고 무수한 난관에 봉착할 수 있기 때문이다. 우리 속담에 '주마가편(走馬加鞭)'이라는 말이 있다. 달리는 말에 채찍을 가해 더 빨리 달리게 하듯이 2030년 온전히 우리 힘으로 달 탐사가 가능한 우주강국이 실현되는 그날까지 초심을 잃지 말고 전력을 다해 부단히 앞으로 나아가야 한다. 15세기 조선 시대, 세계 최고 수준의 로켓 발사장치인 신기전(神機箭)을 발명한 찬란한 과학문화유산이 우리에게 있음을 깊이 인식할 때다.

2018년 12월 07일

## 에너지 강국으로 가는 길

• • •

**주목받는 무한대·친환경 핵융합에너지**

**난제 속에도 상용화 위해 계속되는 도전**

인류의 지속가능한 생존을 위해 꼭 필요한 자원은 무엇일까? 바라보는 시각에 따라 다양한 의견이 있을 수 있겠으나 아마도 에너지와 물, 식량이 아닐까 하는 생각이 든다. 이중에 어느 하나라도 부족하면 인류의 생존 자체가 그만큼 어렵기 때문이다.

에너지의 특별한 형태인 불은 고대 그리스신화에 의하면 티탄족의 후예인 프로메테우스가 인간에게 준 선물로 알려져 있다. 프로메테우스Prometheus가 올림푸스의 주신(主神)인 제우스Zeus와 척(隻)을 지면서까지 '태양의 전차'에서 횃불로 옮겨 선물한 덕분에 인간계는 어두운 밤에도 두려움 없이 지낼 수 있었으며 음식을 익혀 먹음으로써 건강도 지킬 수 있었다고 한다. 비록 신화 속 설화지만 인류의 문명은 불을 발견한 이후로 급속히 발전했다고 해도 과언이 아니다.

작금에 숨 가쁘게 진행되고 있는 4차산업혁명기술도 따지고 보면 인류의 삶의 질을 고도화하고 편익을 극대화할 수는 있겠지만 에너지만큼 인류의 생존에 직접적인 영향을 끼치는 필수요소는 아닐 것이다. 최근 화석연료의 고갈 및 환경문제로 태양광, 풍력 등 신재생에너지원이 개발되고 있지만 산업 전반의 수요에는 아직 한참 미치지 못하는 실정이다.

현재 몇몇 선진국들을 중심으로 안전하며 폐기물이 적은 무한대의 미래에너지원으로 핵융합장치에 대한 연구에 박차를 가하고 있다. 핵융합장치는 태양이 핵융합반응을 통해 에너지를 생산하는 원리를 응용한 것으로 '인공태양'이라고도 불리며 중수소와 삼중수소를 연료로 활용하는데 특히 중수소는 바닷물에서 추출할 수 있어서 연료는 무한대라 할 수 있다. 핵융합반응이 일어나기 위해선 태양의 중심온도(1,500만℃)의 7배인 1억℃ 이상의 고밀도 플라즈마(plasma)를 장시간 유지할 수 있어야 한다. 현재로선 초고온의 플라즈마를 가두는 토카막(Tokamak)방식이 실용화에 가장 근접한 핵융합장치로 알려져 있다.

우리나라의 대표적 핵융합장치인 KSTAR(Korea Superconducting

Tokamak Advanced Research)는 순수 국내 독자기술로 개발한 초전도 토카막방식으로 2008년 최초로 플라즈마를 발생시킨 이래로 올해 10주년을 맞았다. 최근 KSTAR는 플라즈마의 중심이온(ion, +전기를 띤 입자)온도를 핵융합반응 온도인 1억℃ 이상에서 1.5초간 유지하는 데 성공했다. 이러한 결과는 초전도 토카막 핵융합장치 중 세계 최초이며 핵융합에너지 상용화에 한 발짝 다가선 성과로서 쾌거가 아닐 수 없다. 올해엔 10초를 유지할 수 있는 기술개발에 도전한다 하니 우리 모두가 염원해 볼 일이다. (참고로 2021년 11월 KSTAR는 세계 최초로 무려 3만여 번의 실험을 통해 30초 유지에 성공했다. 과학계에선 300초 연속으로 1억도를 유지하면 핵융합을 꾸준히 이어갈 수 있다고 보는데 2026년엔 300초를 목표로 하고 있다.)

KSTAR와는 별도로 우리나라는 국제핵융합실험로(ITER)사업에 EU등 선진 7개국과 공동으로 참여하여 중추적인 역할을 수행하고 있으며 2050년 핵융합 상용화를 위한 데모버전 출시를 위해 불철주야 노력 중이다. 핵융합 상용화를 위한 로드맵은 멀고도 험난하다. 1억℃ 이상의 고밀도 플라즈마를 장시간 유지할 수 있는 운전기술을 포함하여 핵융합에너지를 전기에너지로 변환시킬 수 있는 핵심기술 개발 등 수많은 난제가 쌓여있다.

잘 알다시피 우리나라는 에너지자원 빈국이다. 해마다 수입하는 원유의 비용도 막대하지만 유가 변동에 자유롭지 못한 국내경제를 고려할 때 안전하고 친환경적인 에너지를 생산할 수 있는 핵융합 장치에 대한 역량 확보는 우리나라를 단숨에 에너지 빈국에서 부국으로 전환시킬 수 있을 것으로 보인다.

인류 역사를 되짚어보면 찬란한 인류 문명은 끊임없는 도전과 응전의 결과였다. 비록 갈 길은 멀고 험난하지만 '천리 길도 한 걸음부터'라는 속담이 있듯이 2050년! 형설지공(螢雪之功)의 노력으로 전 세계에 우뚝 선 강건한 에너지강국, 대한민국을 꿈꾸어본다.

2019년 03월 06일

# 상상(想像), 과학발전의 원동력!

**미래 모습 완벽히 적중한 과거 공상만화들**

**기존 사고·발상의 틀 과감히 깨어보자**

인간의 상상력의 끝은 어디일까? 과연 끝이 있기는 한 걸까? 필자의 유아 시절인 1965년에 만화가 이정문 작가가 발표한 서기 2000년대의 우리네 생활상을 그린 미래만화를 보면 〈전기자동차〉, 〈태양열 주택〉, 〈청소로봇〉, 〈인터넷 신문〉, 〈휴대용전화〉, 〈인터넷을 활용한 원격학습 및 원격진료〉 등 신기할 정도로 현재의 생활모습을 거의 완벽하게 적중하였다.

1965년은 필자가 유아 때라 당시의 생활상을 전혀 알 수는 없지만 기억이 비교적 또렷한 70년대 생활상에 비추어 보더라도 오늘날 우리가 향유하고 있는 과학기술은 그 시절엔 좀처럼 머릿속에 쉽게

와 닿지 않은 상상 속의 과학기술이었다.

2014년에 그는 다시금 2050년의 변화된 세상을 만화로 예견하였는데 〈플라잉카〉를 비롯하여 〈기계인체〉, 〈무선충전〉, 〈웨어러블컴퓨터〉, 〈순간이동〉, 〈뇌파헬멧〉, 〈우주발전소〉 등의 미래기술이 포함되어 있다.

특히 〈우주발전소〉개념은 필자의 연구기관에서 정부의 도전적 연구사업으로 추진하고 있는 '장거리 무선전력 전송기술'과 매우 흡사하여 사뭇 놀라울 따름이다. '장거리 무선전력 전송기술'은 무한대의 에너지원인 우주태양광으로부터 생산한 전기에너지를 '마이크로파'와 같은 전파로 변환하여 무선으로 지구에 전송하는 기술로서 작가가 예견한 기술과 일맥상통한다.

작가가 예측한 미래기술 중에 〈무선충전〉, 〈플라잉카〉 등이 현재 실현되고 있으며 이외에 다른 예측들도 어쩌면 가까운 장래에 인류가 현실에서 마주하게 될 과학기술이 적지 않은 듯하다.

최근에 '사건지평선망원경(EHT: Event Horizon Telescope)' 국제공동연구팀이 지구로부터 약 5,500만 광년(光年) 떨어진 처녀자리 은하단에 속한 〈M87〉 '블랙홀'의 그림자를 관측하는 데 성공하여 세간에 화제가 되었다. '광년'은 천문학에서 사용하는 단위로 빛이 1초에 30

만*km*의 속도로 1년 동안 이동하는 거리를 의미하며 약 9조4,670억 7,782만*km*에 해당한다. 그야말로 상상할 수 없는 거리이다. 그런데 빛이 5,500만 년 동안 이동해야 도달할 수 있는 거리라 하니 물리학을 전공한 필자지만 그 방대함에 압도되어 우주의 무한성에 사뭇 숙연해 질 따름이다.

블랙홀은 빛도 탈출할 수 없을 정도로 강한 중력과 거대한 질량을 갖는다. 가령, 최근에 발견된 블랙홀은 태양의 65억 배의 질량을 갖는 것으로 알려졌다. '사건지평선망원경'에 의해 분석된 〈M87〉 블랙홀의 그림자 영상은 우리에게 익숙한 도넛 모양으로 주변의 밝은 빛들이 중심부의 블랙홀로 빨려 들어가는 현상을 보여주고 있어서 104년 전 천재 물리학자인 아인슈타인Albert Einstein이 제안한 질량이 큰 물체 주변의 시공간은 왜곡된다는 '일반상대성이론'을 완벽하게 입증했다.

바라보는 시각에 따라 다양한 해석이 있을 수 있겠지만 이론물리학(理論物理學)이란 특정한 물리학적 세계 혹은 시스템에서 발생하는 자연 현상에 대해 상상에 기반한 가설을 정립하고 수학적 모형을 체계화하여 해석하고 예측하는 연구로 생각할 수 있다.

상상력은 과학기술 발전의 원동력이다. 상상은 기존의 틀에 얽매어 있지 않은 유연한 사고, 즉 발상의 전환을 가능케 한다. 작금은 발상의 전환이 요청되는 4차산업혁명시대다. 하루가 멀다고 혁신기술이 등장하고 있으며 생각하지 못했던 기발한 아이디어가 세상을 쥐락펴락 하는 승자독식의 시대가 되었다.

발상의 전환을 위해선 우리 마음 속에 굳건히 버티고 있는 기존의 사고방식(틀)을 과감히 허물어뜨려야 한다. 그러려면 기존 방법의 한계를 명확히 인식하고 극복하려는 마음 자세가 필요하다. '환골탈태'란 말이 있다. 나비 애벌레가 번데기가 되어 마침내 허물을 벗고 우화(羽化)하여 자유롭게 하늘을 날듯이 상상의 나래를 활짝 펴고 마음껏 비상해 보고 싶은 마음은 비단 필자만의 바람은 아닐 것 같다. '콜롬부스의 달걀'과 같은 기발한 발상의 전환이 요청되는 요즘이다.

2019년 05월 03일

## 역사를 만들 천금 같은 기회

• • •

**중국 위상 퇴색하고 대안으로 한국 부상**

**비대면 산업 최고 되려면 혁신 서둘러야**

한 번도 경험하지 못한 코로나19 후폭풍이 한반도로 빠르게 접근하고 있다. 5월 현재 우리나라의 수출액은 작년 대비 20.3% 급감했고 2분기엔 감소폭이 더 커질 전망이다. 글로벌 경기회복이 'V형'의 강한 반등이 아닌 나이키의 상징인 '스우시(Swoosh)' 형태로 전망되고 전 세계가 다시 보호무역주의로 회귀할 것으로 보여 우리 경제의 앞날이 험난하다.

엎친 데 덮친 격으로 작금의 코로나19 사태로 무역액 1, 2위인 중국과 미국이 다시금 맞붙어 무역전쟁에 이은 '코로나19 전쟁'을 벌이고 있다. 간과할 수 없는 것은 두 나라의 싸움이 한 치의 양보도 없는 벼랑 끝 '치킨게임' 양상으로 치닫고 있다는 점이다. 한국의 국내총생산은 미국 대비 7% 정도이고 중국(10%)과 일본(30%)에 비해서도 저조하다. 특히 한국은 무려 70% 가까이 다른 나라 시장에 심각하게 의존하고 있어서 미·중 어느 한 곳이 삐끗하면 우리가 겪을 경제적 충격은 상상을 초월한다.

지금까지 한국은 코로나19를 가장 잘 이겨내고 있는 모범국으로 인식되어 세계가 한국을 벤치마킹하고 있다. 한발 앞선 진단키트 개발과 혁신적인 의료시스템, 정부의 투명성, 한국인 특유의 위기대응 DNA(이타정신)가 어우러져 만들어낸 총체적 결과다. 코로나19 사태를 계기로 한국은 '투명성'과 '신뢰'라는 국제적 자산을 얻어 글로벌 경영진이 선호하는 나라가 되었다.

2018년 현재, 전 세계 상품의 28%가 중국에서 공급될 만큼 제조업에 있어서 중국 의존도는 절대적으로 중국이 '세계의 공장'으로 역할하고 있음은 분명하다. 그러나 작금의 코로나19사태로 중국의 역할과 위상이 퇴색하고 있어서 선진국을 중심으로 '탈(脫)중국' 현상이 고개를 들고 있다.

세계적인 석학이자 21세기 지성인 기 소르망Guy Sorman은 금번 코로나19 사태를 계기로 한국이 세계지도에 확실하게 자리매김했다고 강조했다. K-팝, 영화 외에 기존에 잘 알려지지 않았던 분야에서 한국이 모범국가로 두드러지면서 한국문화 전반에 대한 새로운 관심이 피어오르기 시작했으며, 한국이 잘해 왔던 개별 분야의 요소들이 일순간 결합되면서 한국에 대한 총체적이고도 일관성 있는 긍정적 이미지가 형성되었다고 말했다.

구글이 선정한 최고의 미래학자이자 다빈치 연구소장인 토마스 프레이Thomas Frey도 중국 모델로는 더 이상 세계경제의 버팀목이 될 수 없으며 그 대안으로 한국이 새로운 미래질서를 창조해 나갈 수 있다고 말했다. 맞다! 지금이야말로 한국이 '세계의 제조공장' 역할과 차세대리더로 일거에 '퀀텀점프'할 수 있는 그야말로 두 마리의 토끼를 한꺼번에 잡을 수 있는 천재일우의 기회다. 중요한 것은 "지금 빨리 행동하지 않으면 하나의 해프닝으로만 기억될 것"이란 그들의 고언을 냉철히 인식해야 한다.

그렇다면 우리는 현 시점에서 무엇을 준비해야 할 것인가? '파괴적 혁신' 이론으로 저명한 크리스텐슨 교수는 200년 전 열악했던 미국이 20세기에 들어서 빠른 속도로 일등국가로 변모할 수 있었던 요인을 '시장창출형 혁신'에서 찾는다. 5G 선도국가인 한국은 IT강국으로 원격의료 등 비대면 산업에서 세계 최고 수준의 혁신국가로 발전할 수 있다. 각종 바이러스가 수시로 창궐하는 세상에서 원격의료는 선택의 문제가 아니라 반드시 가야 할 길이다.

지금은 국가의 융성을 위해 사사로운 이해관계는 뒤로 할 때다. "물 들어올 때 노 저어라."란 말이 있듯이 모든 일에는 때가 있다. 우리는 어쩌면 두 번 다시 오지 않을 천금 같은 기회를 마주하고 있는지도 모른다. 선진국에 대한 근본 개념이 흔들리고 있는 현시점에 새로운 패러다임의 미래질서 창조를 위한 한국의 리더십에 '창조적 혁신'과 'K-브랜딩'이 시급해 보인다.

2020년 06월 05일

# '산업의 쌀' K-반도체가 나아갈 방향

• • •

**'혁신기술의 핵심' 비메모리 시장 치열**

**한국 점유율 끌어올릴 전략 수립 시급**

최근에 글로벌 반도체 업계에 급격한 지각변동이 일어나고 있다. 올해 7월 아날로그디바이스(ADI)가 자동차 서버용 반도체기업인 맥심인터크레이티드를 210억 달러에 인수한 것을 시작으로 자율주행 그래픽처리장치(GPU)의 최강자인 앤비디아(Nvidia)가 모바일기기용용프로세서(AP) 강자인 영국의 ARM을 400억 달러로 인수한다고 발표했다.

또한 PC용 중앙연산장치(CPU) 및 그래픽처리장치 분야에서 인텔, 앤비디아와 각축을 벌이고 있는 AMD가 IT제품의 경쟁력 강화를 위해 자일링스(XILINX)를 350억 달러에 사들인다고 발표했다.

자일링스는 프로그래밍이 가능한 논리 소자와 내부 회로가 포함되어 있는 FPGA 반도체소자기술 글로벌 1위로 이번 인수·합병으로 AMD는 자율주행은 물론 인공지능, 데이터센터 등의 사업 분야에 있어서 확실한 경쟁력을 확보하게 됐다.

최근엔 SK하이닉스가 인텔의 낸드플래시메모리 부문을 90억 달러에 인수한다는 '빅딜'이 있었지만 비메모리 분야에서 내로라하는 글로벌기업들 간의 천문학적 비용의 인수·합병을 통한 합종연횡은 예사롭지만은 않다.

세계 반도체시장은 2019년 기준 약 4,283억 달러로 70%가 비메모리, 30%가 메모리 시장이다. 메모리반도체는 정보를 저장하고 저장된 정보를 읽거나 수정할 수 있는데 전원이 끊기면 정보가 사라지는 D램과 달리 전원이 끊겨도 정보를 보존하는 플래시메모리가 있다.

반면에 비메모리반도체는 논리와 연산, 제어, 정보처리 등 각종 기능을 수행하며 하나의 칩에 통합되어 있어서 시스템반도체라고도 불린다. 대표적인 비메모리반도체로는 인텔이 압도적으로 1위를 차지하고 있는 PC용 중앙연산장치, 퀄컴이 세계시장의 60%를 장악하고 있는 스마트폰, 태블릿용 PC의 두뇌에 해당하는 응용프로세서(AP)가 있다. 또한 다양한 IT융합 제품에서 정보를 분석해 외부환경을 인식하고 작업을 수행하는 이미지센서 및 그래픽처리장치, 디지털신호처리장치(DSP), 배터리의 전력을 효율적으로 배분하는 전력반도체 등 용도와 형태가 다양하다.

수요 변화에 민감한 메모리반도체와는 달리 비메모리반도체는 고도의 기술력과 창의성을 요구하는 기술집약형 산업으로 수요 변화에도 안정적이다. 최근에 불어닥친 비메모리 업계의 대규모 빅딜은 5G 통신과 인공지능, 자율주행, 빅데이터 등 4차산업혁명으로 대변되는 혁신기술에 비메모리반도체가 핵심을 담당하고 있고 관련 시장이 대폭 확대되는 가운데 주도권 확보를 위한 경쟁으로 이해할 수 있다. 따지고 보면 SK하이닉스에 낸드플래시 메모리사업 부문을 매각한 인텔도 고유 분야인 비메모리에 집중하기 위함은 분명하다.

한국은 D램 시장의 72%, 낸드플래시 시장의 56% 등 세계 시장의 65%를 차지하고 있는 메모리반도체 최강자다. 하지만 비메모리 분야에선 세계 시장 점유율이 고작 3~4%정도에 그쳐 반도체 일등국가로 거듭나기 위해선 넘어야 할 산이 많다.

삼성이 지난해 '반도체 비전 2030'을 내걸고 2030년까지 10년간 133조원을 투입해 비메모리반도체 1위를 달성하겠다는 야심찬 계획을 발표했지만 고도의 기술력이 요구되고 진입장벽이 높아 성공 가능성은 예단하기 어렵다. 비메모리는 K-반도체가 반드시 가야 할 길이다. 9월말 현재 우리나라 전체 수출에서 반도체가 차지하는 비중이 19.8%에 달할 정도로 국내경제에 미치는 영향이 막대하고 4차혁명 산업의 '쌀'임엔 틀림없기 때문이다.

세계적인 석학 제러미 리프킨Jeremy Rifkin은 올해 출간한 〈글로벌 그린 뉴딜(The Green New Deal)〉 보고서에서 세상은 "커뮤니케이션·모빌리티·에너지부문의 대전환시대에 접어들었다."고 진단했다. 이 시대엔 반도체산업, 특히 비메모리산업이 근간임은 분명해 보인다. 글로벌 반도체산업의 주도권경쟁이 치열한 가운데 K-반도체가 나아갈 비전 설정과 관련 제도에 대한 시급한 정립이 요청된다.

2020년 12월 04일

## '황금알을 낳는' 금세기 연금술

• • •

**바이오·반도체·배터리 기술 꼭 확보해야**

**경제적 측면뿐 아니라 국가 안보도 직결**

'연금술(鍊金術)'의 사전적 의미는 '고대 이집트에서 시작해서 유럽으로 전파된 원시적인 화학기술로 납이나 주석, 구리 등 비교적 흔한 비금속(俾金屬)으로 금·은 같은 귀금속을 만들고, 불로장생의 영약까지 만들고자 했던 신묘한 기술'로 설명된다. 어찌 보면 현실과는 동떨어진 사상으로 치부할 수 있겠지만 '무(無)에서 유(有)'를 창조하고자 했던 당대 연금술사들의 도전정신과 열정이 오늘날 비약적인 과학기술 발전의 밑거름으로 작용했음이 틀림없다.

필자는 '황금알을 낳는' 금세기 최고의 연금술이자 국가안보 차원의 전략기술로 바이오, 반도체, 배터리기술을 꼽는다. 최근에 주요 쟁점으로 떠오른 '백신디바이드(백신 양극화)'를 한마디로 요약하면 코로나19 백신을 확보해 조기에 공급한 나라와 그렇지 못한 나라간의 경제격차가 극심해진다는 '경제양극화'다.

미국과 영국, 이스라엘 등 일부 발 빠르게 대처한 국가를 제외한 대부분의 국가는 조기에 백신을 확보하지 못해 백신을 둘러싼 국제적 갈등이 고조되고 있다. 더욱이 백신을 전략무기로 활용할 수 있는 여지가 있고 앞으로도 비슷한 상황을 마주할 수 있어서, 유사시 맞춤형 백신 및 신약을 적기에 생산·공급하기 위한 바이오기술은 경제적인 측면뿐만 아니라 국가안보 차원에서 필히 확보해야 할 전략기술임엔 틀림없다.

또한 '디지털트랜스포메이션(DX)'으로 대변되는 4차산업혁명과 작금에 거세게 불어닥친 글로벌 '2050 탄소중립' 정책은 코로나19와 함께 기존 글로벌밸류체인(GVC)을 급격히 재편하고 있다. 요동치는 글로벌밸류체인 이면엔 바이오 이외에 반도체와 배터리(전기차)기술이 있다. 산업의 쌀인 반도체는 D램, 낸드플래시 중심의 메모리와 차량용 반도체를 비롯해 인공지능과 자율주행차, 5G 이동통신, 빅데이터 등 4차산업혁명기술 전반에 필수적인 비메모리로 나뉜다.

한국은 메모리 시장의 70% 이상을 차지하고 있는 메모리반도체 강국이지만, 메모리 시장의 두 배 이상인 팹리스(반도체설계)와 파운드리(위탁생산) 위주의 비메모리 시장에선 K-반도체 점유율이 고작 3.2%에 불과하다. 반도체를 '전략자산'으로 규정한 미국이 자국 내 투자를 강화하고 있는 가운데, 파운드리 절대강자인 대만의 TSMC가 한국과의 초격차를 유지하기 위해 제시한 전략을 살펴보면 K-반도체의 앞날이 그리 녹록지만은 않다.

더욱이 글로벌 '2050 탄소중립' 정책으로 글로벌 기업과 금융사가 RE100(기업이 사용하는 모든 전력을 100% 재생에너지로 대체) 참여와 ESG(환경·사회·지배구조) 투자를 강화하는 등 작금의 세상은 급속히 녹색으로 전환 중이다. 특히 e-모빌리티(배터리) 분야에서의 변화가 돋보이는데 블룸버그 〈전기차전망 2020〉 보고서에 따르면 글로벌 팬데믹과 국제 유가 하락이 어느 정도 변수로 작용할 수는 있겠지만 현재 전기차 가격의 40% 이상을 차지하는 배터리기술의 발전으로 2036년경 전기차가 내연기관차를 앞서는 '특이점'이 나타날 것으로 전망하고 있다.

지난해 K-배터리 3사(LG, 삼성, SK)의 전 세계 전기차 배터리 시장 점유율은 34.7%로 전기차 셋 중 하나는 'K-배터리'를 사용할 만큼 한국은 배터리 강국이다. 미래시장을 내다보며 긴 안목을 갖고 투자한 K-기업의 끈질긴 노력의 결실이지만 후발주자의 추격이 빨라 안주할 수는 없는 상황이다. 바이오와 반도체, 배터리기술은 '황금알을 낳는' 금세기 최고 연금술인 동시에 국가 안보와 직결된 전략기술이다. 글로벌밸류체인이 급변하는 위기와 기회가 공존하는 변화무쌍한 지금, 무수한 실패를 감내하고 불굴의 노력으로 도전했던 고대 연금술사들의 정신을 다시금 이어가야 할 때다.

2021년 06월 11일

# '초격차' 기술력 확보만이 우리가 살길

• • •

**중국을 견제하는 미국, 우리도 자유롭지 않아**

**초격차 기술력 확보만이 우리가 살길**

미·중간의 갈등이 '치킨게임'으로 폭주하고 있는 가운데 설상가상으로 최근 미국의 금리 인상을 비롯한 '인플레이션 감축법(IRA)'은 가뜩이나 고물가, 고환율, 고금리로 회자되는 '3고 경제'에 비상이 걸려 있는 한국경제에 치명적인 퍼펙트스톰으로 다가오고 있다. 우리나라는 수출로 살아가는 나라다. 특히 반도체와 자동차는 우리나라 수출에서 1, 2위를 차지하는 효자 품목이다. '인플레이션 감축법'의 핵심은 미국에서 전기차 보조금을 받기 위해선 미국 현지에서 전기차를 생산함은 물론 배터리와 광물의 일정 비율 이상을 미국 내에서 조달하고 중국 등 제한 국가에서 생산된 배터리와 광물은 아예 사용할 수 없다는 얘기다.

말만 '인플레이션 감축법'이지 내면을 자세히 들여다보면 중국을 견제한 미국 중심의 전기차 생태계를 구축하겠다는 의미다. 우리나라는 대부분의 배터리 소재를 중국에 의존하고 있어서 특단의 조치 없이 현재 상태가 지속한다면 미주 지역에서 국산 전기차가 설 자리는 없다. 우려스러운 점은 이번 조치가 비단 전기차에만 국한된 것이 아니라 향후 반도체, 바이오 등 핵심 전략 산업에도 유사하게 적용될 여지가 남아 있어 치밀한 대책 마련이 요청된다.

현재 반도체 파운드리 분야에서 글로벌 1, 2위를 차지하고 있는 대만의 TSMC와 삼성이 3나노 파운드리 양산을 위한 주도권 경쟁을 치열하게 펼치고 있다. 누가 더 높은 수율(웨이퍼 한 장에 설계된 칩[IC]의 최대 개수 대비 실제 생산된 정상 칩의 개수를 백분율로 나타낸 것으로, 불량률의 반대말)을 제공할 수 있는가에 대한 핵심기술 확보가 승부의 핵심으로, 우리가 주도권을 잡는다면 파운드리 분야에서도 크게 도약할 수 있는 매우 중요한 시점이다. 우리 속담에 "이가 없으면 잇몸으로 산다."는 말이 있다. '기름 한 방울 나지 않는 나라' '부존자원이 없는 나라'라고 한탄만 하고 있을 게 아니라 시각을 달리해 우수한 인적자원과 첨단기술력을 보유한 기술 강국임을 곱씹을 필요가 있다.

최근 우리나라는 내로라하는 주요 원전 수출국을 따돌리고 3조 원 규모의 이집트 엘다바 원전 건설 프로젝트 수주에 성공했다. 다양한 성공요인이 있었겠지만 우리의 첨단 원전 기술력이 동인이 됐음은 분명하다. 최근 우크라이나 사태로 불거진 EU국가들의 에너지 안보에 대한 우려를 고려할 때 '녹색분류체계(Green Taxonomy)'에 포함된 원자력발전은 신개념의 소형원전(SMR)과 더불어 글로벌 핵심전략산업으로 발전할 개연성이 매우 높다.

또한 그동안 부단히 잠재력을 키워온 K-방산의 성과도 눈부시다. K-방산은 최근에 폴란드와 아랍에미리트(UAE)로부터 약 24조 6,000억 원 규모의 수출 계약을 성사시켜 올해 상반기 잔고가 작년 상반기 대비 약 9조 원을 상회하는 42조6,194억 원으로 추산됐다. 그야말로 K-방산의 기술력과 가성비의 결과다. 이런 추세라면 K-방산이 세계 톱5에 진입하는 희망도 꿈만은 아닌 듯싶다.

우리나라는 5G 등 정보통신기술(ICT)강국이다. 그 어느 때보다 세계 여러 나라가 안보에 심혈을 기울이고 있는 오늘날, 우리의 첨단 방산기술에 AI 등 ICT기술을 접목한다면 K-방산의 미래는 탄탄할 것이다. 지금은 온 세계가 혼돈의 카오스시대를 살아가고 있다. 이런 미증유의 시대에 살아남기 위해선 긴 호흡으로 미래를 내다보는 안목과 통찰이 요청된다. 다시 시작하는 마음으로 초심으로 돌아가 경제위기 극복을 위한 결연한 의지로 신발끈을 단단히 동여맬 때다.

2022년 10월 12일